今こそ問う 水力発電の価値
その恵みを未来に生かすために

角 哲也・井上素行・池田駿介・上阪恒雄 監修
国土文化研究所 編

技報堂出版

『今こそ問う　水力発電の価値』

監　　修	角 哲也・井上素行・池田駿介・上阪恒雄
編　　集	国土文化研究所
執　　筆	水力発電価値評価研究会

執筆者名簿＝水力発電価値評価研究会

角　　哲也	京都大学 防災研究所 水資源環境研究センター 教授
井上　素行	立命館大学 総合科学技術研究機構
池田　駿介	株式会社建設技術研究所 国土文化研究所 研究顧問
	東京工業大学名誉教授
上阪　恒雄	日本国土開発株式会社
石田　裕哉	株式会社建設技術研究所
甲斐　史朗	同上
小島　裕之	同上
酒井　　匠	同上
志田　孝之	同上
丹羽　尚人	同上
山邊　建二	同上
米澤　公太郎	同上
富重　明彦	元 株式会社建設技術研究所
伴　　至	同上

書籍のコピー，スキャン，デジタル化等による複製は，
著作権法上での例外を除き禁じられています.

まえがき

　本書は，日本国内での水力発電の位置づけはどうあるべきか，水力発電の可能性はどの程度あるのか，また，既存のダムの有効利用を含めた今後の推進方策はどのようなものがあるのかについて，国土文化研究所（株式会社 建設技術研究所グループのシンクタンク）に設置した「再生可能エネルギーにおける水力発電の価値評価と開発推進に向けた研究会（水力発電価値評価研究会）」の研究成果をベースにとりまとめたものである。

　世界の主要国における一次エネルギー消費量に占める水力発電の割合をみると，図1に示すように，ブラジル（28%），カナダ（26%），中国（8%），ロシア

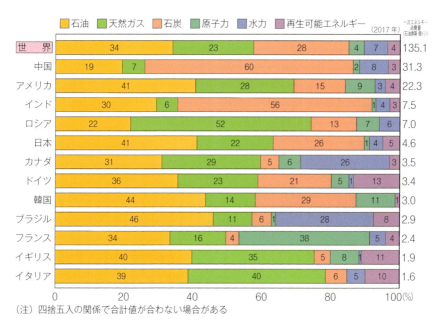

図1　世界の主要国における一次エネルギー消費量の構成比
（出典：一般財団法人日本原子力文化財団「原子力・エネルギー」図面集 2018）

（6%），イタリア（5%），フランス（5%），インド（4%），日本（4%），アメリカ（3%），ドイツ（1%），世界（7%）となっている。山地が多い日本の地形条件や多雨という気象条件などを考慮すれば，日本のこの 4 % という値は過小であり，今後はさらに高めるための努力が必要である。

　かつての日本は，「水主火従」といわれるように，発電量のかなりの部分を水力発電が担っていた。その後，第二次世界大戦を経て，戦後復興から高度経済成長期にかけては，増大する電力需要に対応するために，大規模火力発電施設が数多く建設され，さらには，オイルショックを経て，エネルギー安全保障の観点から原子力発電に重点が置かれた。その結果，山間地に点在する地方の小規模水力発電は，その効率性の低さから廃止・切り捨てられるケースが多く発生した。現在は，東日本大震災を経て，再生可能エネルギーが脚光を浴び，水力発電が見直されてきてはいるが，社会の理解は決して十分ではなく，太陽光や風力といったほかの再生可能エネルギーに比べると開発の速度は遅いといわざるを得ない。日本と同様の地形条件にある，例えば，スイスやオーストリアでは，山間地に点在する小水力発電所が 100 年以上もの歴史を経て今なお健在であり，良好に維持管理されているだけではなく，さらに計画的に設備更新されながら社会に貢献し続けている。

　地域に根差した日本の水力発電がなぜ発展しなかったのか，何がスイスやオーストリアと違ったのか？　この問いに答えることが，今後の日本の水力発電を考えるうえでとても重要である。日本の水力発電は，戦後の電気事業の再編以降，主に電力会社などが中心となって取り組んできた。高度経済成長期に電力需要が急増するなかで，水力発電は規模が小さく開発に時間がかかるなどの課題があり，電源の主役は火力，原子力発電，そしてこれらとセットで利用する揚水式水力となった。その結果，水力発電は電源開発の主な対象とはならなくなってしまった。また，水力開発を地域政策と結びつけた取り組みが弱いことも上記の解答の一つと考えられる。これからの日本社会は，人口が減少し，電力需要も低下していく。また，地域（地方）が自律分散的に水・食糧・エネルギーの安全・安心を確保していくという視点に立てば，日本の国土に点在する純国産エネルギーの水力エネルギーを再評価し，エネルギーの地産地消の観点からも水力を有効に役立てる時代が再来しているともいえる。

　そのためには，新規に小規模な水力発電施設を建設するだけではなくて，既

存のダムの再開発や運用の工夫によって水力発電の量を増大することも重要である。また，これらを実現させるための，スキーム（制度），スキル（技術），スペシャリスト（人材）の開発と，これを実現していくための社会全体の支持が重要である。水力開発は地方創生の大きな切り札になる可能性があるが，それを成功させるためには，地域のやる気と創意工夫が求められる。日本を追いかけるように経済発展してきた東南アジア諸国などでも，ダムの再開発や山間地の中小水力開発などのニーズを有しており，置かれた状況は日本と同じである。我が国は，高齢化社会への対応では世界のトップランナーであるが，同様に，水力エネルギーを効率的に生かした新たな社会を構築するための技術開発と実践の仕組みづくりができれば，これらの観点からも世界に貢献し得るものと考えられる。

　本書の第1章では，まず，水力発電の歴史を振り返るとともに，国内外の水力発電を取り巻く環境を踏まえ，水力発電の価値について整理する。

　次に，第2章において，水力発電が自然環境や社会環境の変化に合わせて対応している「新たなかたち」について触れる。

　第3章では，水力発電の未来像を記述する。今後想定される気象変化や少子高齢化などの社会変化の背景を踏まえ，水の恵みと脅威に対して最新の技術を駆使して既存ストックを最大限有効活用し，広い視野から総合的に対処していく必要がある。例えば，多目的ダムにおける治水容量の利水への活用や，利水専用ダムの治水活用など，柔軟な対応により我が国全体で最適となるような活用方策を目指すことが重要と考える。さらに，再生可能エネルギーの導入に伴い変化する我が国の電力環境において，水力発電が適切な評価を得られていない現状を打開すべく，未来へ向けた提言を行う。

　以下に，「水力発電の恵みを未来に引き継ぐための3つの課題と10の解決策」を提示する。また，日本の水力エネルギーの現状を都道府県レベルでマップ化したものを示す。**図2**は，都道府県別の電力自給率を把握するため，全電源による発電電力量と電力需要量との関係を示したものであり，**図3**は，水力発電による発電電力量と電力需要量との関係を示したものである。**図4**は，未開発分も含めた水力発電のポテンシャルと全電力需要量の関係を示したものである。

　図5，**図6**は，都道府県ごとの包蔵水力のうち未開発の割合を把握するため

まえがき

に作成した図である。**図5**に示すように，未開発包蔵水力の割合が20％以上の都道府県が多数認められることから，水力発電の開発余地は大きい。**図1**に示した世界の一次エネルギー消費量の構成比で日本は水力発電が4％程度であることから，日本の地方都市における水力発電の潜在的供給力は大きいことがわかる。**図7**は国土交通省所管ダムの発電参画状況を示したものであるが，発電が行なわれていないダムは282か所あり，さらなるエネルギー利用の推進が望まれる。本書が今後の日本の水力エネルギーの進展と，水力エネルギーを核とした地域振興策の一助となれば，望外の喜びである。

まえがき

> # 水力発電の恵みを次世代に引き継ぐための
> # ３つの課題と 10 の解決策

課題 1　水力発電が有する価値の発信（1 章）

　水力発電は多様な価値を有する。また，技術開発によってそれらの価値をさらに高めることができる。しかし，社会一般に，その価値と可能性について十分に認識されているとは言い難い。また，それが水力開発が進まない一因になっていると考えられる。このため，以下のような水力発電が有する価値を，社会に向けて正当に発信する必要がある。

解決策 1　電力価値の発信

　再生可能エネルギーの割合を最大限高めるために大量に導入されてきた太陽光・風力発電などは，気象条件に左右される不安定な電源である。一方で，水力発電は，ほかの発電方法に比べ，安定した電源で，かつ，長期的視点では安価である。さらに，流れ込み式水力発電はベース供給力として，貯水池式，調整池式，揚水式水力発電は，電力需要の変化に対応する負荷調整機能として，電力系統全体の安定化にも貢献することが可能である。　　　☞ p.22 ～ 29 etc.

解決策 2　環境価値の発信

　水力発電の CO_2 排出量は，設備建設時の間接的排出量を含めてもわずかであり，さらにエネルギー密度が高いことなどから，水力発電は環境負荷が小さいといえる。一方で，水路式水力における減水区間，ダム式水力では堆砂や水質への影響が河川環境に負荷を与える可能性があるが，現在では，河川維持流量の放流，排砂技術，魚道設置，水質保全技術などにより，環境に与える負荷を軽減することが可能となってきている。　　　☞ p.29 ～ 31 etc.

v

まえがき

> ## 解決策3 社会的価値の発信

　水力発電は，地域社会に根ざした水力開発を行うことで，地方に経済的およ
び社会的な恩恵をもたらす可能性も有している。ダム管理用発電は地域への電
力供給系統から独立した運転が可能であり，自然災害の発生時においても系統
に依存しない安定した運転を行うことができる可能性を有している。この独立
した電源を防災拠点として活用することにより，災害時の避難や復旧の一翼を
担うといった社会的価値が創出される。　　　　　　　　　☞ p.31 ～ 38 etc.

課題2 地方創生に資する水力の推進（2章，3章）

　水力発電施設は，それが位置する地域に貴重な社会的な価値をもたらすこと
が可能である。しかし，現状では地域の振興に十分に寄与しておらず，地域住
民にその実感が得られていないという実情がある。このため，水力発電が地域
振興の起爆剤となるよう，下記事項を提案する。

> ## 解決策4 多分野にわたる技能を持った水力発電技術者の養成

　地域の環境に調和した水力発電施設を設置・運営するためには，水力発電施
設を計画，設計，建設，維持管理するための技術力を持った人材が必要である。
また同時に「解決策5」に記す地元還元性のある事業スキームが提示でき，地
元の合意形成を可能とする人材が必要となる。このため，技術力・構想力・合
意形成力などの多分野にわたる技能を持った水力発電技術者の養成が重要であ
る。　　　　　　　　　　　　　　　　　　　　　　　☞ p.139 ～ 141 etc.

> ## 解決策5 地方創生に資する新たな事業スキームの提案

　水力のポテンシャルの多くは中山間地にあり，これを地域のエネルギー資産
として地元が有効活用する必要がある。水力発電施設は初期投資費用が大きい
一方で，良好なサイトで設置・運営を行うことができれば，長期間にわたって
収益をあげることができる。地域が主体となって実施する水力開発では，初期

まえがき

費用の調達が困難となるケースも少なくない。このため，初期費用の調達ならびに果実（利益など）の分配による地域貢献の観点から，地方金融機関の参画や市民ファンドの設立，発電施設の運営を民間（地元の参画を前提とする）に委託する指定管理者制度の導入，地元企業や自治体を主体としたSPC（特別目的会社）の設立など，事業の仕組みを検討する必要がある。また，地方創生に貢献する水力開発事業を対象とした補助金創設等の仕組みづくりも検討すべきである。☞p.133 ～ 138 etc.

| 解決策6 | 河川環境と発電の両立 |

　これまでは，発電主体は水源地以外の大手企業であることが多く，都市（受益地）と地方（水源地）の対立構造があった。また，水力発電を行うことによって，減水区間が発生するなど，河川環境に大きな影響を与えた事例もあった。今後は，発電主体が地方になることによって，地域住民や河川利用者の意見を反映させて，画一的ではない形で河川維持流量を算定する手法を開発するなど，河川環境の保全と水力発電の便益を両立させるような取り組みが求められる。☞p.58 ～ 63, 127 ～ 128 etc.

| 解決策7 | ハイブリッド方式への貢献 |

　今後，再生可能エネルギーを推進するためには，太陽光や風力発電に加えて，安定した電源である水力発電の役割が大きくなると考えられる。特に，水力のポテンシャルが高い地域では，流れ込み式，調整池式や揚水発電などの水力発電を，ほかの不安定な再生可能エネルギー（太陽光・風力など）と組み合わせることで，エネルギーの安定供給を図ることができる。これらをハイブリッド化することで，域外からの電力供給の依存度を低減し，域内のエネルギー自給率を高めることができる。☞p.40 ～ 47 etc.

| 課題3 | 既設ダムの総合活用（2章，3章） |

　効率よく大規模な水力発電を行うためにはダムが必要となるが，新規ダムの

vii

まえがき

建設適地は少なくなってきている。仮に適地があった場合にも新規ダム建設は自然環境の改変を伴う。よって環境改変最小化の視点より，既設ダムの総合活用が重要となってくる。一方，水力発電の発電電力量は水量と落差に依存しており，地球温暖化による河川流況の変化が，発電電力量を変化させる可能性が指摘されている。そのためにも貯留能力を有するダムの総合活用が重要となってくる。将来にわたってダムによる発電電力量を維持・拡大することが可能となるよう，下記事項を提案する。

解決策8　ダム運用の高度化

現行のダム操作では，立ち上がりが急な洪水に対しても確実に操作が可能となるように，貯水位を計画よりも若干低下させて運用しているダムもある。しかしながら近年，洪水予測精度が向上してきているため，貯水位を低下させることなく所期の貯水位を維持することで，発電電力量の増加を期待することができる。また，降雨予測精度の向上や事前放流設備の整備により，事前放流で水位低下が可能となる水位まで制限水位を上昇させることができれば，さらなる発電電力量の増加が期待できる。　　　☞ p.94 ～ 102, 107 ～ 113 etc.

解決策9　ダムの嵩上げ

地球温暖化が進行した場合，大規模洪水が頻発することが想定される。この場合，貯水池が満杯となり洪水を溜め込むことができず，放流せざるを得ない水（無効放流）が増大すると考えられる。一方，ダム貯水池は，上部標高ほどわずかな貯水位の上昇で大きな貯水容量の増加が見込まれる。このため，ダムの嵩上げによって貯水容量を増加させ，無効放流を減少させることで，流水の高度利用が可能となり，発電電力量を維持または増加させることが可能となる。

☞ p.103 ～ 113 etc.

解決策10　ダムの維持管理の技術革新

ダムの長期使用を可能とする技術革新が求められている。その最重要課題は

まえがき

堆砂対策で新技術の開発が必要である。具体的には，黒部川，宇奈月ダムの排砂ゲートを用いた連携排砂や天竜川，小渋ダム等の排砂バイパストンネル，現在開発中の貯水池からの土砂吸引システムや逆流排砂システム，土砂を輸送する低コストのベルトコンベアシステム，土砂の通過を許容する水車の開発などが挙げられる。　　　　　　　　　　　　　　☞ p.63 ～ 70，120 ～ 125 etc.

まえがき

【ポイント】
・電力自給率100%以上の地域数：21道県
・電力自給率25%未満の地域数：7都県
→電力自給率が低い地域への安定的な電力供給は電力系統システムにより支えられている

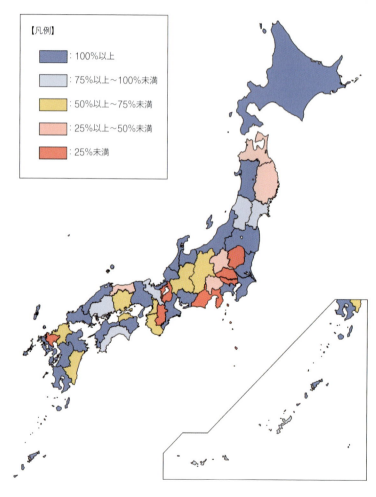

図2 都道府県別 電力自給率マップ［全電力版（既設）］
（全電源による発電電力量／電力需要量）2016年10月～2017年9月

まえがき

【ポイント】
・水力で電力自給率を60%以上賄える地域：富山県
・水力で電力自給率を40%以上賄える地域：新潟県，福島県，長野県，山梨県，岐阜県，高知県，宮崎県
→山岳地域が多く地形条件が生かされている

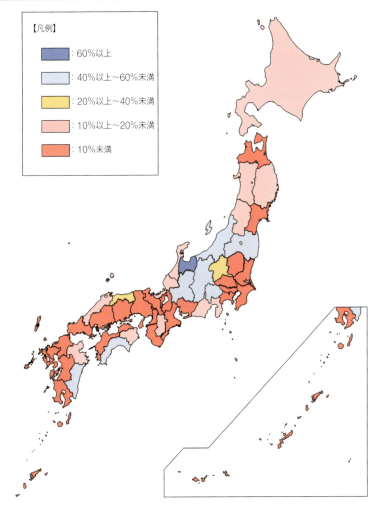

図3 都道府県別　電力自給率マップ［水力発電版（既設）］
（水力発電による発電電力量 / 電力需要量）2016年10月〜2017年9月

まえがき

【ポイント】
・水力で電力自給率を 60% 以上賄えるポテンシャルのある地域：富山県，新潟県，長野県，岐阜県，高知県
・水力で電力自給率を 40% 以上賄えるポテンシャルのある地域：山形県，福島県，山梨県，宮崎県
→既存水力施設の有効活用によりさらにアップする可能性もある

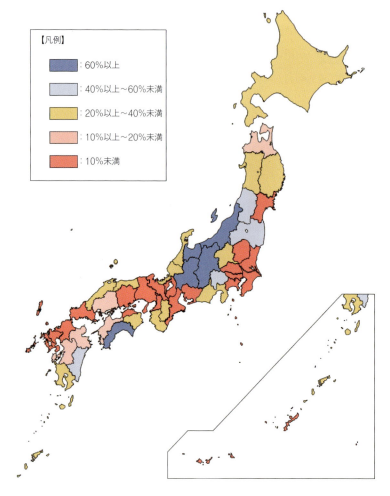

図 4 都道府県別　水力発電による電力自給率ポテンシャルマップ
((既開発＋工事中＋未開発水力発電電力量)/電力需要量)2016 年 10 月～ 2017 年 9 月

まえがき

【ポイント】
・包蔵水力に対して未開発の割合が60%以上の地域：5県
・包蔵水力に対して未開発の割合が40%以上の地域：10都道県
→水力発電の開発余地はまだある
※ 包蔵水力＝既開発＋工事中＋未開発の水力エネルギー量

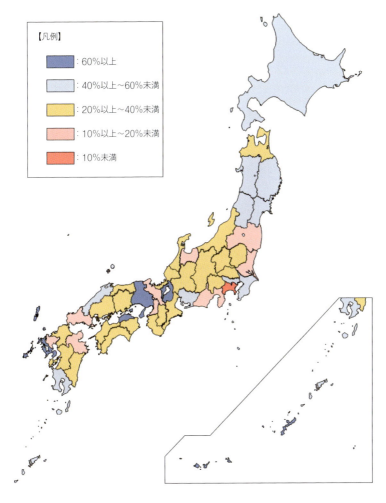

図5　都道府県別　水力発電の開発ポテンシャルマップ①
（未開発水力発電電力量／(既開発＋工事中＋未開発水力発電電力量)）

まえがき

【ポイント】
・中部地方および東日本を中心に未開発水力発電電力量が多い地域がみられる
→今後，既存水力施設の有効活用も含めた評価が重要

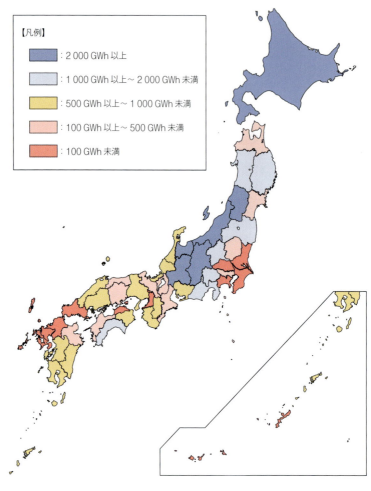

図6　都道府県別　水力発電の開発ポテンシャルマップ②
（未開発水力発電電力量）

まえがき

【ポイント】
・水力発電設備が設置されているダムの特徴は，ダム高，流域面積が比較的大きなダム
・ダム高，流域面積が比較的小さなダムでは，水力発電設備が未設置のケースが多い
→今後，このようなダムに水力発電設備を設置して，未利用エネルギーの有効活用を図っていくことが期待される

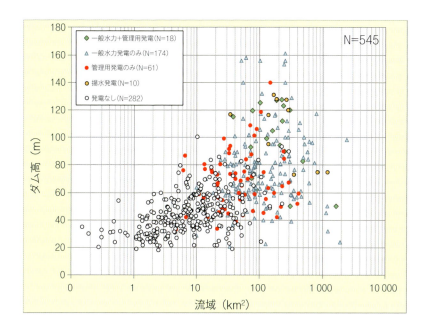

図7　国土交通省所管ダムの発電参画状況とダム高・流域面積の関係

<注>
図2〜図6は以下のデータにより作成した。
1）資源エネルギー庁HP 各種統計情報（電力関連）
　　https://www.enecho.meti.go.jp/statistics/electric_power/ep002/results.html
2）資源エネルギー庁HP　データベース 日本の水力エネルギー量 都道府県別包蔵水力
　　https://www.enecho.meti.go.jp/category/electricity_and_gas/electric/hydroelectric/database/energy_japan003/

xv

目　　次

まえがき　　　　　　　　　　　　　　　　　　　　　　　　　　i

1章　水力発電の役割　　　1

1節　水力発電の歴史的背景　　2

◆ 日本の気象や地形的特徴　　2

◆ 我が国のエネルギー自給率　　3
　コラム 新エネルギーとは　　4

◆ 電力供給の変遷　　5

◆ 東日本大震災後の変化　　6

2節　近年の発電事情　　8

◆ 再生可能エネルギーへの注目の高まり　　8

◆ 長期エネルギー需給見通し　　8

◆ 再生可能エネルギーの導入状況　　11
　コラム 再生可能エネルギーを 100％ 達成するコスタリカ　　14

◆ 再生可能エネルギー増大に伴う課題　　15
　コラム 発電量と消費量のバランスは重要　　18
　コラム 電力系統と地域間連系線　　20

3節　水力発電の恵み　　22

◆ 評価されるべき水力発電　　22

◆ 安定した安価な電力の提供（電力価値）　　22
　コラム 水力発電の優位性　　28
　コラム 水力発電施設の耐用年数　　29

◆ 発電に伴う環境負荷の軽減（環境価値）　　29

◆ 社会への貢献（社会的価値）　　31
　コラム 水力発電の雇用創出　　38

xvii

目　次

2章 水力発電の新たなかたち 39

1節 再生可能エネルギーの安定化への貢献 40

◆ 再生可能エネルギーの特徴と課題 40
　コラム アイルランドの再エネ事情 41
◆ 水力発電のメリハリある運用 42
◆ 揚水式発電の有効活用 43
　コラム 国境を越えた系統連系 46
　コラム 太陽光発電と日食の関係 47

2節 リパワリングされる水力発電 48

◆ 既設水力発電のリパワリング（増出力・増電力量）のチャンス 48
◆ リパワリングの基本原理 50
◆ リパワリング事例①（流量の見直し） 51
◆ リパワリング事例②（落差の見直し） 52
◆ リパワリング事例③（効率の見直し） 53
　コラム 水車の効率向上に関する要素技術 56

3節 環境と共生する水力発電 58

◆ 水力発電に対するイメージ 58
◆ 水枯れ川をなくす 59
◆ 魚の遡上に配慮する 61
◆ 流入土砂を管理する 63
◆ 水質を管理する 66
　コラム 維持管理へのロボットの活用 70

4節 洪水を防ぐ水力発電ダム 71

◆ ダムの分類と貯水池の状態 71
◆ 発電ダムの操作 72
◆ 発電専用ダムの治水活用事例 73
◆ 氾濫危険時における揚水発電ダムの活用 74

5節 あらためて注目を浴びる小規模な水力発電 76

◆ 水力発電のスケール 76

xviii

目　次

- ◆ 小水力発電の設置場所　77
- ◆ 小水力発電の歴史　81
- ◆ 小水力発電の役割　83
- ◆ 小水力発電の実際（地域に貢献する発電事例）　84
  - コラム 維持流量放流で発電すると　90
  - コラム 洞窟で発電する　92

3章 水力発電の未来に向けて　93

1節　既存ダムを賢く使って発電力増強　94

- ◆ ダムの有効活用による水力発電の価値向上　94
- ◆ 貯水池の運用方法変更による発電力増強方策　94
- ◆ 貯水池を有効利用する技術"予備放流"　96
- ◆ 洪水期中の水位上昇による増電効果　99
  - コラム 気象予測を取り入れたダム管理　101
  - コラム AIを活用したダム運用の高度化　102

2節　ダム嵩上げによる発電力増強　103

- ◆ 既設ダムの嵩上げによる発電力増強　103
  - トライアル 嵩上げによる発電力増強の試算　106

3節　ダムの総合活用による再生　107

- ◆ ダムの総合活用　107
  - コラム ダムの利水容量の設定方法　109
  - コラム ダムの治水容量の設定方法　109
- ◆ 発電専用ダムにおける再開発　110
- ◆ ダム再生ビジョンを踏まえた最適運用を目指して　112

4節　気候変動への適応　114

- ◆ 気候変動に伴う河川流量・流況の変化　114
- ◆ 河川流量・流況変化に対する適応策　116
- ◆ 気候変動に伴う貯水池内流入土砂量の変化　118

xix

目 次

◆ 貯水池内堆砂進行に対する新たな取り組み　　120
　コラム 堆砂対策の必要性の指標─ CAP/MAS と CAP/MAR ─　124
　コラム 土砂濃度と発電出力の関係性　　125

5節　水力発電のパラダイムシフト　　126

◆ 都市主体から地域主体の水力発電へ　　126

◆ 河川環境維持と発電最大化の両立　　127

◆ 水力発電の導入を促進する工夫　　128

◆ 地域主体の水力発電への転換　　133
　トライアル 「グラハム・ベルの予言」の社会実装に向けて　　136

あとがき　　139

用 語 集　　142

一次エネルギー / 一級河川 / エネルギーセキュリ
ティー / 遅らせ操作 / オールサーチャージ方式 / 確
保水位 / 火主水従 / 河川維持流量 / 河川法 / 管理水
位 / グリーン電力 / 系統（電力系統）/ 固定価格買取
制度（FIT）/ 再生可能エネルギー / シュタットベルケ
/ 出力制御 / 出力・電力量 / 指定管理者制度 / 小水
力発電 / 従属発電 / 事前放流 / 新エネルギー利用等
の促進に関する特別措置法（RPS 法）/ 水力発電の価
値 / 水力発電の分類（構造面）/ 水力発電の分類（運用
面）/ 水主火従 / 水撃圧・サージタンク / 制限水位方
式 / 正常流量 / 設備利用率 / 総合土砂管理 / 装置産
業 / 堆砂率 / ダム管理用発電 / ダム水路主任技術者
/ ダム再生 / ダム貯水池の運用水位 / ダム貯水池の
容量 / ダムの治水機能 / ダムの利水機能 / 弾力的運
用（弾力的管理）/ 電気主任技術者 / 電気事業法 / 電
源三法 / 発電ガイドライン / 発電水力調査 / 発電密
度 / ブラックアウト / 包蔵水力 / 揚水発電 / 予備放
流方式 / 流況 / 流出解析 / 流量設備利用率と河水利
用率

1章
水力発電の役割

第二期 蹴上発電所建物
(出典:京都市三大事業誌 第二琵琶湖疏水編図譜)

1章　水力発電の役割

1節　水力発電の歴史的背景

◆ 日本の気象や地形的特徴

　我が国は，細長い列島弧の中央に 1 000 ～ 3 000 m 級の脊梁山脈がそびえ，これらの山岳地帯から太平洋および日本海などに流出する多数の急流河川が存在している。一方，我が国はアジアモンスーン地帯に属し，ヨーロッパやアメリカに比べ季節による降水量の変化が大きい。

　このため我が国の河川は，地形と降雨の形態が表現される河況係数（＝最大流量 / 最小流量）が非常に大きく，国内最大の流域面積を持つ利根川でも 74 であり，海外の大陸河川を代表するミシシッピ川（セントルイス）3，ドナウ川（ウイーン）4，ライン川（バーゼル）18 に比べて相当大きく，通年取水が困難であったり，洪水被害を受けやすいなどという特徴を有している。

　我が国は，このような流量変化が大きい河川を多数有していることから，主に山間部ではダムを建設し洪水を防ぎ，それとともに水資源の確保を図ってきた[1]。

　水力発電の出力は流量と落差の積，発電量は出力と時間の積で求められるが，我が国の河川は急流で降雨量が多いことから，水力発電が必然的に有利な国土である。

　我が国の理論包蔵水力（地表に降った雨や雪が山から川を下り，海に注ぐまでの水の位置エネルギーの総和（蒸発散量は無視））は 7 160 億 kWh であるが，国土面積がほぼ同じドイツ 1 200 億 kWh と比べると 6 倍，膨大な国土を有するオセアニア地域全体 4 950 億 kWh よりも大きな値である。

　かつて，電話機の発明で有名なグラハム・ベルが 1898 年（明治 31 年）に来日し講演を行った際に，日本の未来をこう予言したといわれている。

　『日本を訪れて気がついたのは，川が多く，水資源に恵まれているということだ。この豊富な水資源を利用して，電気をエネルギー源とした経済発展が可能だろう。電気で自動車を動かす，蒸気機関を電気で置き換え，生産活動を電気で行うことも可能かもしれない。日本は恵まれた環境を利用して，将来さら

に大きな成長を遂げる可能性がある。』

　後述するが，我が国は，戦後の経済成長期前半まで水力発電を主エネルギー源として経済発展しており，まさにグラハム・ベルの予言どおりであったといえる。

◆ 我が国のエネルギー自給率

　エネルギー供給は，国家として最も重要な戦略課題の一つであり，我が国が置かれている自然・社会的状況や現在・未来の国際的状況などを俯瞰しつつ，安全性（Safety），安定供給性（Energy Security），経済性（Economic Efficiency），環境適合性（Environment）の4つの要素を考慮して，エネルギーの安全保障を確保する必要がある[2]。

　国民生活や経済活動に必要な一次エネルギーの内，国内で確保できるエネルギー自給率（石炭や水などの国内産資源によるエネルギー（原子力を含む））は，戦後の1950年代には80 %程度あったが，その後の高度経済成長期に入ると需要が急増し大幅に低下した。

　図 1.1-1 に示すが，1970年代の2度の石油危機を踏まえて，省エネルギーとLNG・原子力の導入による脱石油の政策が進められ，エネルギー供給の安定性，経済性，環境適合性の向上が図られてきた。しかし，2013年度（平成25年度）は原子力が全て停止したため，エネルギー自給率は7.9 %まで低下した。その後，再生可能エネルギーの導入や原子力発電の再稼動が進み，2015年度（平成27年度）の自給率は8.9 %まで回復した。我が国の一次エネルギー総供給量のうち，発電のために利用されるエネルギー量は40 %程度であるといわれており，二次エネルギーである電気の自給率も低いといわざるを得ない。

1章 水力発電の役割

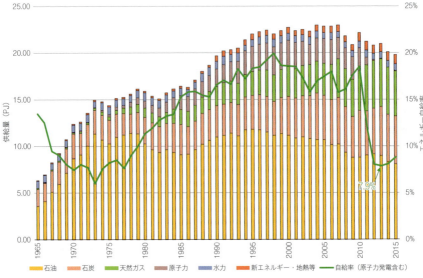

図 1.1-1 我が国の一次エネルギーの供給実績

(出典:資源エネルギー庁「エネルギー白書 2018」[3])

> **コラム** 新エネルギーとは
>
> 新エネルギーとは 1997 年 (平成 9 年) に施行された「新エネルギー利用等の促進に関する特別措置法」において「新エネルギー利用等」として規定されている。
>
> | |
> |---|
> | **新エネルギー**:太陽光発電,風力発電,バイオマス発電,中小規模水力発電,地熱発電,太陽熱利用,バイオマス熱利用,雪氷熱利用,温度差熱利用,バイオマス燃料製造 |
>
> 新エネルギーは CO_2 排出量の少ない国産エネルギーであるが,火力発電等に比べコストが割高となるため種々の支援制度が整備されている。
>
> ● 新エネルギー等の電気利用促進法 (RPS 法)
>
> この法律は新エネルギーで得られる電気の一定以上の利用を電気事業者に義務づけることで新エネルギーの利用を推進することを目的としたもので,2002 年 (平成 14 年) 6 月に施行された。しかし再生可能エネルギーの固定価格買取制度の施行 (2012 年 7 月) に伴い廃止された。

1 節　水力発電の歴史的背景

● 太陽光発電の余剰電力買取制度

　太陽光発電で発電した電力のうち余剰となる電力が買取対象となる制度であり 2009 年 (平成 21 年) 8 月に施行された。買取期間は買取を開始した時点から 10 年間であり買取価格は 10 年間固定となる。なお電力会社が買取る費用の一部を電力消費者全員で負担することで経済性に劣る太陽光発電の導入促進を図っている。

● 再生可能エネルギーの固定価格買取制度 (FIT)

　再生可能エネルギーで発電した電力を電力会社が一定期間買取ることを国が約束する制度であり 2012 年 (平成 24 年) 7 月に施行された。太陽光発電の余剰電力買取制度と同様に電力会社が買取る費用の一部を電力消費者全員で負担するものである。

　対象となる再生可能エネルギーは「太陽光」「風力」「水力」「地熱」「バイオマス」である。発電した電力は全量が買取対象となるが 10 kW 未満の太陽光は自分で消費した後の余剰分が買取対象となる。

◆ 電力供給の変遷

　我が国最古の水力発電所は 1888 年 (明治 21 年) に紡績工場の自家用発電として運転を開始した三居沢発電所 (当時の出力 5 kW：宮城県仙台市) であり，日本初の営業用水力発電所は 1891 年 (明治 24 年) に琵琶湖から京都へ水を導く「琵琶湖疏水」を利用して運転を開始した蹴上発電所 (当時の出力 160kW：京都府京都市) である。

　さらに送電技術の進歩により送電距離が延長されるとともに，出力が大規模で，燃料の調達が不要な遠隔地の大型水力開発が本格化した。この結果，出力規模が数万 kW の水力発電所開発が行われるようになり，1911 年 (明治 44 年) には，「火主水従」から「水主火従」の電気事業に転換した。

　第二次世界大戦を経て，1960 年代の高度経済成長期に入ると，時代の要請からベース供給を目的とした大容量の火力発電所開発が急ピッチで進められた。その結果，1960 年代前半には火力発電電力量が水力発電電力量を上回り，再び「水主火従」から「火主水従」に転換され，現在に至っている。

1章 水力発電の役割

◆ 東日本大震災後の変化

　発受電電力量の内訳に着目すると，図1.1-2に示すように1970年代の石油危機以降，石油火力発電は減少傾向，LNGや石炭火力発電は増加傾向を示し，原子力発電は全発電電力量の約1/3を占めベース電源としての役割を果たすこととなった。東日本大震災前の2010年（平成22年）には，原子力発電および火力発電（石油，石炭，LNG）が全発電電力量の約90%を占める一方，水力，風力，太陽光などの再生可能エネルギーも約10%程度を占め，エネルギー源を多様化させ，種々の電源を組み合わせて利用することで，電力の安定供給を実現させていた。

　しかし，2011年（平成23年）3月11日に発生した東日本大震災により，運転中であった福島第一原子力発電所で炉心冷却ができなくなり，炉心溶融により，放射性物質が漏洩した。その後，原子力規制委員会が従前より強化した基準で審査し，合格した施設より運転が再開されることとなったものの，震災

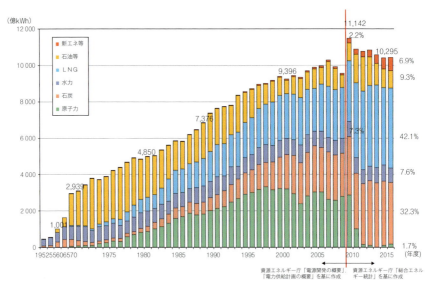

図1.1-2　発受電電力量の推移
（出典：資源エネルギー庁「エネルギー白書2018」[3]）

後の 2014 年度（平成 26 年度）には，原子力発電が 0 ％，火力発電が 87.8 ％
となり，我が国で消費される電力量の大部分は火力発電で賄われることとなっ
た。

　火力発電は原子力発電などに比べ，温室効果ガスの一つである化石燃料由来
の二酸化炭素排出量が多く，環境上の課題を有するとともに，**図 1.1-1** に示
したようにエネルギー自給率を押し下げている。

　そのため，原子力発電の再稼動が遅れている現状を踏まえると，二酸化炭素
排出量が少なく国産のエネルギーである太陽光発電，風力発電および水力発電
など再生可能エネルギーの開発推進が求められている。

《参考引用文献》
1）高橋裕『河川工学』東京大学出版会，2008 年
2）日本学術会議報告「再生可能エネルギーの利用拡大に向けて」2014 年
3）資源エネルギー庁「エネルギー白書 2018」

1章 水力発電の役割

2節 近年の発電事情

◆ 再生可能エネルギーへの注目の高まり

　2015年（平成27年）11月に開催された第21回気候変動枠組条約締約国会議（COP21）において，京都議定書に代わり，温室効果ガス排出削減などに関する新たな国際的な枠組みであるパリ協定が採択された。パリ協定書では，世界共通の長期目標として世界の平均気温上昇を2℃未満に抑えるのみでなく，1.5℃以内に抑える努力に言及している。また，適応の長期目標の設定，各国の適応計画プロセスや行動の実施，適応報告書の提出と定期的更新を定めている。その後，第24回気候変動枠組条約締約国会議（COP24）が2018年（平成30年）12月に開催され，パリ協定の実施に向けたガイドラインが採択された。

　我が国では，パリ協定・約束草案を踏まえた総合計画である「地球温暖化対策計画（閣議決定，2016年5月）」，2030年を見据えたエネルギーミックス実現に向けた戦略である「エネルギー革新戦略（経済産業省，2016年4月）」，2050年を見据えた革新的技術戦略である「エネルギー・環境イノベーション戦略（内閣府，2016年4月）」が定められている。

　特に，「エネルギー革新戦略」では，具体的な施策としての再生可能エネルギーの開発と利用の拡大が示されているなど，2030年度のエネルギーミックスの目標実現に向けて，徹底した省エネルギーや再生可能エネルギーの拡大，また新たなエネルギーシステムの構築などを推進していくこととしている。

◆ 長期エネルギー需給見通し

　日本のエネルギー政策は，安全性を前提としたうえで，エネルギーの安定供給を第一とし，経済的効率性の向上による低コストでのエネルギー供給を実現し，同時に環境にも適合していくこととしている。そのような視点を踏まえた「長期エネルギー需給見通し（2015年7月）」が，経済産業省よって示されている。その概要は下記のとおりである。

(1) エネルギー需要および一次エネルギー供給構造

　経済成長等によるエネルギー需要の増加を見込むなか，徹底した省エネルギーの推進により，石油危機並みの大幅なエネルギー効率の改善を見込む。

　具体的には，産業部門，業務部門，家庭部門，運輸部門において，技術的にも可能で現実的な省エネルギー対策として考えられ得る限りのものをそれぞれ積み上げ，最終エネルギー消費で5 030万kl（原油換算）程度の省エネルギーを実施することによって，2030年度のエネルギー需要を32 600万kl程度と見込む。

　この結果，2030年度の一次エネルギー供給構造は，**図1.2-1**のとおりとなる。これによって，東日本大震災後大きく低下した我が国の一次エネルギー自給率は24.3％程度に改善する。また，エネルギー起源CO_2排出量は，2013年度総排出量比21.9％減となる。なお，パリ協定を踏まえた我が国の約束草案では，CO_2排出量を2030年度に2013年度比－26.0％と設定されている。

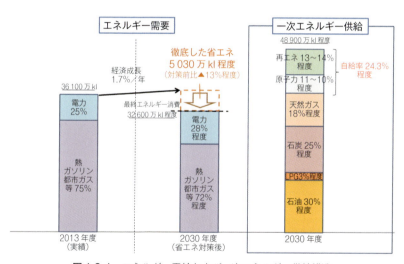

図1.2-1　エネルギー需給および一次エネルギー供給構造
（出典：経済産業省「長期エネルギー需給見通し」2015年7月[1]）

(2) 電源構成

　経済成長や電化率の向上などによる電力需要の増加を見込むなか，徹底した省エネルギー（節電）の推進を行い，2030年度時点の電力需要を2013年程度とほぼ同レベルまで抑えることを見込む。

1章　水力発電の役割

　低炭素の国産エネルギー源である再生可能エネルギーは，2013年から3年程度，導入を最大限加速していき，その後も積極的に推進する。我が国の自然条件等を踏まえつつ，各電源の個性に応じた再生可能エネルギーの最大限の導入を行う観点から，原子力発電の一部を自然条件によらず安定的な運用が可能な地熱・水力・バイオマスへの置き換えを見込む。自然条件によって出力が大きく変動し，調節電源としての火力を伴う太陽光・風力は，国民負担抑制とのバランスを踏まえつつ，電力コストを現状よりも引き下げる範囲で最大限導入することを見込む。

　火力発電は，石炭火力，LNG火力の高効率化を進めつつ，環境負荷の低減と両立しながら活用するとともに，石油火力については緊急時のバックアップ利用も踏まえ，ディマンドリスポンス（需要応答）を通じたピークシフト等を活用し，必要最小限での対応とする。

　原子力発電は，安全性確保を大前提とし，エネルギー自給率の改善，電力コストの低減および欧米に遜色ない温室効果ガス削減の設定といった政策目標を同時に達成するなかで，徹底した省エネルギー，再生可能エネルギーの最大限の拡大，火力の高効率化等により可能な限り依存度を低減する。

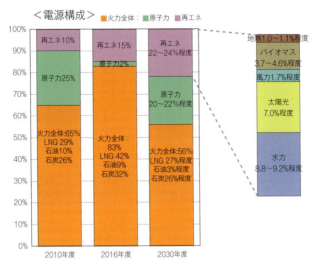

図1.2-2　2030年度の電力需要および電源構成目標　（出典：資源エネルギー庁「2030年エネルギーミックス実現に向けた対応について～全体整理～」2018年3月[2]）

2節　近年の発電事情

この結果，2030年度の電力の電源構成は，**図1.2-2**に示すようになる。これによって，東日本大震災前に25%を占めていた原子力発電の依存度は，20〜22%程度へと低減する。

◆ 再生可能エネルギーの導入状況

我が国の電源別発電電力量の構成比の推移を**図1.2-3**に示している。2030年度の構成比は，「2030年度のエネルギーの需給構造の見通し（2015年7月）」での計画値としている。水力発電以外の再生可能エネルギーは，2010年前後までは1%程度以下であったが，それ以降急増し2016年は5.9%，2030年度には14.0%になると想定されている。

海外における水力発電を含む再生可能エネルギーの導入状況は，**図1.2-4**に示すとおりであり，コスタリカ，ブラジル，カナダでは，発電電力量の60%以上を再生可能エネルギーで賄っており，これらの国では国土の有利な水文・地形条件を活用して，その大部分を水力発電が占めている。そのほかの国（イタリア，イギリス，スペイン，ドイツなど）においても水力発電を含めた再生可能エネルギーで概ね30〜40%程度が賄われている。

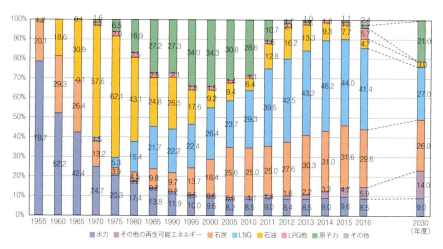

図1.2-3　我が国の発電電力量の構成比の推移と見通し
（出典：電気事業連合会HP「電気事業のデータベース INFOBASE」[4]のデータをもとに作成）

1章 水力発電の役割

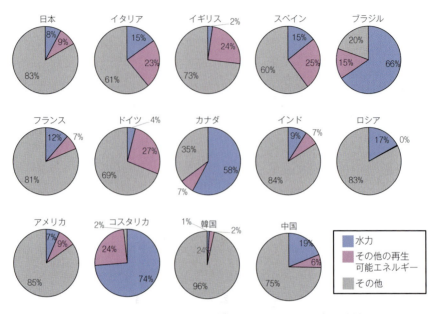

図 1.2-4 各国の発電電力量に対する再生可能エネルギーの割合

(出典：IEA Electlicity Information 2018 [5])

表 1.2-1 電源ごとの設備利用率（再生可能エネルギー）

電源	風力(陸上)	風力(洋上)	地熱	一般水力	小水力	バイオマス(専焼)	バイオマス(混焼)	太陽光(メガ)	太陽光(住宅)
設備利用率	20〜23%	30%	80%	45%	60%	87%	70%	14%	12%

(出典：発電コストワーキンググループ「長期エネルギー需給見通し小委員会に対する発電コスト等の検証に関する報告」2015年4月 [3])

再生可能エネルギーの設備利用率を**表 1.2-1**に示すが，水力発電（一般水力，小水力）の設備利用率は風力や太陽光に比べ大きく，水力発電は，再生可能エネルギーの中でも効率的な発電が可能である。

2節　近年の発電事情

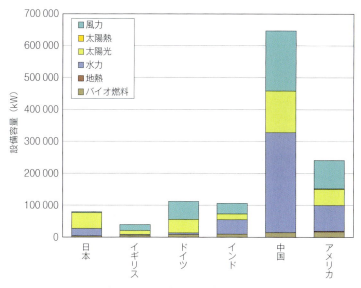

図 1.2-5　主要各国の再生可能エネルギーの設備容量（2014年）
（出典：RENEWABLES 2018 GLOBAL STATUS REPORT[6]）

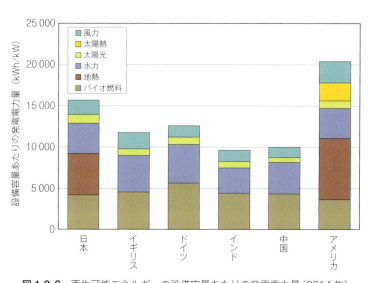

図 1.2-6　再生可能エネルギーの設備容量あたりの発電電力量（2014年）
（出典：IEA Statistics データ[7]より作成）

1章 水力発電の役割

　我が国の再生可能エネルギーの設備容量は，他国と比べて小さい傾向にある（図 1.2-5）ものの，図 1.2-6 に示すとおり，設備容量に対する発電電力量は高く，特に水力発電の設備稼働率は非常に高いことがわかる。

　我が国の再生可能エネルギーの構成比は，他国に比べ小さい 17 ％ であることから，再生可能エネルギーの開発余地は大きく，かつ，効率的な発電という視点からは，水力発電の推進が重要と考える。

コラム　再生可能エネルギーを 100 ％ 達成するコスタリカ

　中南米に位置するコスタリカは，四国と九州を合わせたほどの大きさで，国全体の年間発電電力量が約 110 億 kWh と，我が国のおよそ 1/100 程度の規模の国である。この国では，2016 年の 6 月 16 日から 9 月 2 日までの連続 76 日間，国の使用電力を化石燃料によらず，再生可能エネルギーのみによって電力供給が行われた。

　コスタリカにおける電力供給は，2018 年のデータによれば，74 ％ が水力発電により行われており，再生可能エネルギーによる電力供給の大部分を担っている。主要な 4 つの水力発電施設の中には，JICA がダム建設支援に携わったものもある。

　水力発電以外の電源については，地熱発電 13 ％，風力発電 10 ％，そのほかの再生可能エネルギー 1 ％，火力発電 1 ％ という状況である。

JICA 協力によるピリス発電所　（出典：JICA 資料「ピリス水力発電所事業」）

《参考引用文献》
1) エコロジーオンライン（https：//www.eco-online.org/）

2節　近年の発電事情

◆ 再生可能エネルギー増大に伴う課題

　我が国では，蒸気や水などを活用し発生させた電気を需要家に供給するため，発電・変電・送電・配電を統合したシステムである電力系統が整備されている。安定して電気を需要家に供給するには，系統内で発電量と消費量をバランスさせることが重要である。バランスが崩れると発電機の保護機能が働き，系統から次々と発電機が解列される（切り離される）ことにより大停電を引き起こすこととなる。安定供給を実現させるためには，下記事項に留意する必要がある。

① 　電圧の維持：電気・電子機器には，許容可能となる電圧変動幅があり，電圧が低い場合は機器の誤作動，停止など，高い場合は機器寿命の短縮などが想定される。このため，電気事業法第26条で「一般送配電事業者は，その供給する電気の電圧及び周波数の値を経済産業省令で定める値に維持するように努めなければならない」と規定されており，オン・オフピーク時の負荷変動や高圧，低圧配電線の電圧降下を考慮し，許容電圧が維持可能となる運用が求められている。

② 　周波数の維持：発電量と消費量のバランスが崩れて発電量が消費量を上回ると系統の周波数が上昇する。逆に発電量が消費量を下回ると周波数が減少する。周波数が変動し，一定値以上に周波数が変動すると発電機の保護機能が働き，系統から次々と発電機が解列されることになるため，あらかじめ定めている周波数偏差目標値内で維持可能となる運用が求められている。

③ 　発電機出力の調整：電力系統を構成する設備には，あらかじめ定められた容量があり，過負荷が生じると設備が損傷し，最悪の場合は当該施設が使用困難となる。

④ 　同期運転の維持：系統の周波数は発電機の回転数に依存するため，周波数を維持するには，系統内の発電機が同じ周波数となるように回転させる同期運転が必要となる。発電機近傍で事故などが発生しバランスが崩れた場合，当該発電機の回転数が上昇することとなり，発電機間での回転数に差異が生じる。この差異が大きくなると同期運転が維持できなくなり系統から解列されることになる。

自然現象に発電出力が左右される再生可能エネルギーが増大した場合は，今

までにもまして綿密な出力調整が求められる。例えば，再生可能エネルギーの一つである太陽光発電は，日射量に連動するため，昼夜で発電量が大きく異なることになる。このため，太陽光発電が大規模に導入されると，昼間の電力需要は太陽光発電で賄えるため，電力会社では太陽光以外の発電で出力を低下させ需給バランスをとることとなる。一方，夕方の太陽光発電量が減少する時間帯は，家庭用の電力需要が急増することから，この変化に追従させた出力調整が必要となる。この系統を安定させる役割は，比較的出力変化が容易である火力発電およびダム式水力発電（貯水池式，調整池式，揚水式）が担っている。

図 1.2-7 は，カリフォルニアにおける電力供給について，実際の供給量と，太陽光・風力発電による供給量を差し引いた場合の供給量とを対比したものであり，太陽光・風力発電電力量の増加とともに，昼間のギャップが増大することが見て取れる。この曲線は，アヒルの背中の形状に似ていることからダックカーブと呼ばれており，このカーブが年々拡大してきている。

16 時ごろから 19 時ごろにかけて，電力需要の増加と太陽光発電電力量の減少が同時に発生しており，太陽光および風力を除いた電力供給量の変化に対しては，流れ込み式を除く水力発電や火力発電の出力急増による対応が求められる。このような需給の急激な変化に対し，供給が瞬時に対応できなければ上

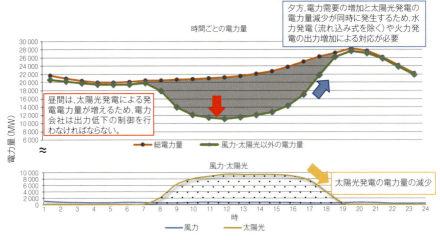

図 1.2-7 カリフォルニアにおける 1 日の電力需要の時間変化
（出典：Carlifornia ISO RENEWABLE WATCH[8] より 2017 年 9 月 25 日のデータ）

述したように系統の不安定化を生じ，最悪の場合停電を引き起こす可能性がある。

　我が国においても，ダックカーブに対する既存の電力系統システムでの追従が懸念されており，「電力システム改革」の一環として対策が鋭意行われているところである。

《参考引用文献》
1）経済産業省「長期エネルギー需給見通し」2015 年 7 月
2）資源エネルギー庁「2030 年エネルギーミックス実現へ向けた対応について」
　　2018 年 3 月
3）発電コストワーキンググループ「長期エネルギー需給見通し小委員会に対する発電コスト等の検証に関する報告」2015 年 4 月
　　http：//www.enecho.meti.go.jp/committee/council/basic_policy_subcommittee/
　　mitoshi/cost_wg/006/pdf/006_05.pdf
4）電気事業連合会 HP「電気事業のデータベース INFOBASE」
　　http：//www.fepc.or.jp/library/data/infobase/
5）IEA Electlicity Information 2018
6）RENEWABLES 2018 GLOBAL STATUS REPORT
7）IEA Statistics
　　http：//www.iea.org/statistics/statisticssearch/
8）Carlifornia ISO RENEWABLE WATCH

1 章　水力発電の役割

コラム　発電量と消費量のバランスは重要

●北海道での大停電

　2018年（平成30年）9月6日3時7分に発生した北海道胆振東部地震で道内全域の大停電（ブラックアウト）が発生した。ブラックアウトに至るまでの経緯を毎日新聞（2018年9月20日　東京朝刊）の記事の内容から以下に示す。

　地震発生直後に主力の苫東厚真火力発電所2号機（最大出力60万kW）と4号機（同70万kW）の出力が低下したため，50Hzで安定していた周波数が急低下し，道内全域の風力や水力発電が連鎖的に停止した。このため，北海道電力は，強制的に一部地区を停電（負荷遮断）させ需要を減らしたほか，本州から約60万kWの電力の融通を受けることで需給バランスを図った。このことで，周波数は50Hzまで回復し危機は乗り越えられると思われた。

　しかし，強制的に停電されなかった地域では，地震で目を覚ました住民らが照明やテレビを点けたため需要が急増し，再び周波数が低下し始めた。このため，残存する火力発電の出力を上げて対応したが，3時20分ごろ苫東厚真火力1号機（35万kW）の出力が低下し，急激に周波数が低下したため，2回目の負荷遮断を実施した。再度，周波数が持ち直したものの苫東厚真1号機が停止したため，3度目の負荷遮断を実施したが，周波数の低下を止めることができず，ほかの火力発電も連鎖的に停止し，3時25分ブラックアウトに至った。

●九州エリアにおける再生可能エネルギーの出力制御

　九州エリアでは，自然変動する太陽光や風力発電が急速に導入されてきていることから，端境期（春・秋などの電力需要が比較的少ない時期の休日）において，太陽光出力が大きい昼間に，供給力が電力需要を上回る状況が発生している。そのようななか，九州電力により，太陽光発電などを最大限活用するために，火力発電所の出力を下げるとともに，揚水発電所の活用（上部ダムへの水の汲み上げ）や大容量蓄電池の充電などが行われている。しかし，太陽光発電の増加により，2018年（平成30年）5月3日13時には，太陽光発電の出力が電力需要の8割程度を占め，火力発電所の出力調整や揚水発電所の活用による調整余力もわずか（30万kW程度）しかない厳しい需給状況となった。

2節 近年の発電事情

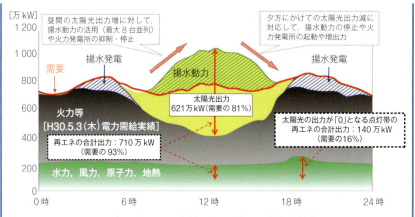

2018年5月3日の九州エリアにおける電力需給状況

　2018年10月13日（土），14日（日）には，同年5月よりさらに厳しい電力需給状況となったことから，下記の優先給電ルールに基づき，太陽光発電の出力制御が実施された。
◎ 九州電力が直接，運転制御可能な火力の出力を制御するとともに，揚水発電の動力運転を実施
◎ 直接，運転制御できない火力やバイオマスも出力抑制を依頼
◎ 関門連系線により，連系線空容量の範囲内で九州域外エリアに最大限供給
◎ 上記対応を講じたとしても供給量が需要量を上回ることが見込まれる場合は，太陽光・風力の出力制御を実施

出典：九州電力（株）「九州本土における再生可能エネルギーの導入状況と優先給電ルールについて［別紙2］」2016年7月21日
　　　九州電力（株）「九州本土における再生可能エネルギーの出力制御について」【参考資料1】2018年10月10日

1章 水力発電の役割

コラム 電力系統と地域間連系線

　電力系統とは，電力を需要家の受電設備に供給するための，発電・送電・変電・配電を統合したシステム（発電所→送電線→変電所→配電線→引込線）をいう。日本では，10の電力会社がそれぞれの電力系統を持ち，沖縄電力を除いた9電力会社の電力系統は近隣のいずれかの電力系統と地域間連系線で接続されている。

　我が国の周波数は，世界でもめずらしく新潟県の糸魚川と静岡県の富士川を境に，西側は60Hz，東側は50Hzと異なっており，中部エリアと東京エリアでの地域間連系は周波数変換設備（東京中部間連系設備）を介する必要がある。

　東日本大震災の際，東京電力の発電設備が損傷を受けたため，西日本の電力事業者から送電を試みたが，現在の東京中部間連系設備の規模は120万kWであり，それ以上の送電が困難であったため，東京電力管内では計画停電を余儀なくされた。

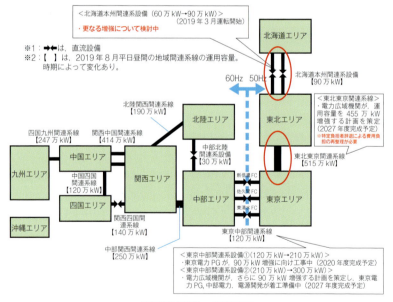

地域間連系線の増強計画

2 節 近年の発電事情

　このことを受け，不測の事態においても西日本・東日本間で電力の相互供給が可能となるように，2020 年度末までに東京中部間連系設備の規模を 90 万 kW 増強し，210 万 kW にする工事が進められている。

　さらに現在，風力発電などの再生可能エネルギーの適地が多い北海道エリアや東北エリアと電力消費量が多い東京エリアをつなぐ地域間連系線の増強が計画されている。これによって，当該エリアでの地域間の電力受給ギャップの平準化と電力の安定供給が期待されている。

出典：経済産業省 総合資源エネルギー調査会・脱炭素化社会に向けた電力レジリエンス小委員会 第 6 回会合資料，2019 年 7 月 30 日 に一部加筆

1章　水力発電の役割

3節　水力発電の恵み

◆ 評価されるべき水力発電

　第2節で示したように，我が国の電力需給構造は，経済成長等による電力需要を見込んだうえで，徹底した省エネルギー（節電）を推進，再生可能エネルギーを最大限導入し需要量の2〜3割を賄うとともに，火力発電の効率化などを進め，原子力発電の依存度を低減させることとしている。

　しかし，太陽光発電などの電源の導入を拡大すると，系統安定性に課題を有することがわかっており，それを改善させる有効な発電方法として水力発電が着目されている。しかし，1960年代の高度経済成長期に「水主火従」から「火主水従」に転換されて以降，水力発電の価値が正当に評価されていない。以降では，電力価値，環境価値，社会的価値という視点[1],[2]で，忘れ去られた水力発電の恵みを明らかにする。

◆ 安定した安価な電力の提供（電力価値）

（1）エネルギーセキュリティー

　「エネルギー白書2018」によると，2016年度（平成28年度）の電源構成は，**図1.3-1**に示すように，LNG火力42.1％（4 398億kWh），石炭火力32.3％（3 374億kWh），石油等火力9.3％（969億kWh），水力7.6％（789億kWh），新エネ等6.9％（725億kWh），原子力1.7％（181億kWh）である。電源構成の大部分を占めるLNG，石炭，石油，ウランは，その大部分を輸入に頼っており，輸入国の政情により我が国のエネルギー安全度が左右されるというリスクが潜在している。また，上記化石エネルギー資源の可採年数は**表1.3-1**に示すとおりで，限りある資源であることがわかる。

　一方，水力発電は，水の力で水車を回し，その力で発電機を回すことで電気を生み出す方法であり，自給率100％の純国産エネルギーである。このことから，化石エネルギー等で課題とされていた，輸入国の政情に左右されない，

3節 水力発電の恵み

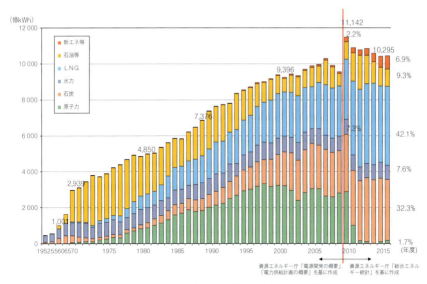

図1.3-1 発受電電力量の推移［図1.1-2の再掲］
（出典：資源エネルギー庁「エネルギー白書2018」[3]）

表1.3-1 化石エネルギーの可採年数一覧

	埋蔵量	可採年数	備　考
石炭	11,393億t	153年	2016年末時点
石油	1兆7,067億バレル	50.6年	2016年末時点
天然ガス	約186.6兆m^3	52.5年	2016年末時点

（出典：資源エネルギー庁「エネルギー白書2018」[3]を参考に作成）

持続性のあるエネルギーであり，水力発電を増やすことは，我が国のエネルギーセキュリティー向上に寄与すると考える。また，水力発電は，発生するエネルギーを電気に変換したときの割合であるエネルギー変換効率が80％程度と，風力（25％）や太陽光（10％）などほかの再生可能エネルギーに比べ大きく，より効率的に電気を作れるという利点も有している（**図1.3-2**）。

1章　水力発電の役割

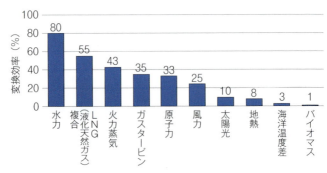

図 1.3-2　各種発電方式別のエネルギー変換効率
(出典：茅陽一監修『新エネルギー大辞事典』工業調査会，2002年2月[4])

　ただし，水力発電のための利用可能な水資源（包蔵水力）には限界があることに留意する必要がある。我が国では，水資源を有効に使うため，水力発電に適した場所の全国的な調査（発電水力調査）が行われてきた。この調査は，1910年（明治43年）の第1回以降，その時々の社会的ニーズに合わせて計5回行われ，将来開発可能な有望地点および包蔵水力の把握に努めてきた。なお，包蔵水力とは，我が国が有する水資源のうち，技術的・経済的に利用可能な水力エネルギー量のことであり，「既開発（これまでに開発された水力エネルギー）」「工事中」「未開発（今後の開発が有望な水力エネルギー）」と3区分されている。

　表 1.3-2 に 2017年（平成29年）3月31日現在の包蔵水力を示すとおり，

表 1.3-2　包蔵水力

区分	地点数	最大出力（万 kW）	年間可能発電電力量（億 kWh）
既開発	2 005	2 804	954
工事中	59(5) △1	34 △12	11 △4
未開発	2 716 △267	1 886 △109	469 △74
合計	4 775 △268	4 603	1 356

△は新規発電所の建設に伴い廃止となる発電所
（　）内は工事中のうち既開発地点の増設・改造中地点数
　　（出典：資源エネルギー庁HP「日本の水力エネルギー量（2017年3月31日現在）」[5]）

3節　水力発電の恵み

年間可能発電電力量は未開発を含めると1 356億kWhで，2016年度（平成28年度）の電力需要量8 997億kWhに対して15％程度までカバーできる。さらに，ここに含まれないダム再開発に伴う増電などにより，水力発電能力をさらに大きくすることも可能である。

(2) 系統安定性

　明治時代における発電は「水主火従」といわれるように，水力発電が主の発電方式であった。水力発電は初期投資の割合が大きく，鉄鋼，石油精製などと同様，装置産業と位置づけることができ，一度発電所を建設すれば，長期的に安定して運転が可能となる。このため，水力発電のうち流れ込み式などは，低コストで一定量の電力を供給可能となる「ベースロード電源」として今日でも重要な役割を果たしている。また，ダム式の水力発電は起動・停止が容易であり，貯水池式，調整池式，揚水式などは，電気の備蓄装置であるともいえ，この特徴を活用し系統安定性の一翼を担っている。ただし，揚水式は東日本大震災前後で発電時期が異なるなど活用方法が変化している（**図1.3-3**，**図1.3-4**参照）。

① 震災前：夜間の余剰電力（原子力など）を活用し，下部の貯水池から上部の貯水池に水を汲み上げ，特に夏期の昼間の需要量の大きなときに，上部の貯水池から水を落とし電気を生み出していた。

② 震災後：特に，春や秋の電力需要量が小さい時期（端境期）の週末で，事務所や工場などが稼動しておらず，昼間に電気が余っているときに，その

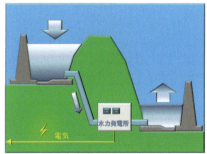
（電気が足りないとき）

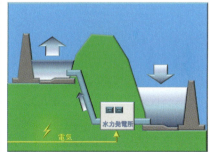
（電気が余っているとき）

図1.3-3　揚水発電イメージ図

1 章　水力発電の役割

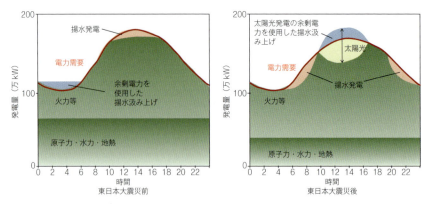

図 1.3-4　1 日の電力需要の変化に合わせた一般的な電源の組合せイメージ
（九州での具体例はコラム「発電量と消費量のバランスは重要」を参照）

　余剰電力（太陽光など）を活用し，下部の貯水池から上部の貯水池に水を汲み上げ，夕方など需要量の大きなときに，上部の貯水池から水を落とし電気を生み出している。

(3) 安価な電力の提供

　電源別の発電コストは，**図 1.3-5** に示すとおりである。一般水力（モデルプラント出力 = 12 000 kW）は，風力や太陽光に比べ安価であるが，小水力（モデルプラント出力 = 200 kW）は同程度の発電コストとなっている。しかし，水力発電所は，耐用年数が長い土木・建築施設が 50 〜 70 % を占めることから，耐用年数が短い電気・機械設備について適切な維持管理・機器更新を行うことで，ほかの発電方法に比べ施設を長期間使用でき，それにより発電コストがさらに低減できる。

　水力発電所は，減価償却資産としての経済性評価を行う際の法定耐用年数には 30 〜 50 年が用いられている。しかし，水力発電所は，京都の蹴上水力発電所に代表されるように，適切な維持管理・機器更新を行えば 100 年を超えても運転を継続することができる。

　さらに，水力発電は，燃料費が不要，運転要員が少人数など，経年的に発電所の運転経費の大きな負担となる要因が少ない。減価償却の終了した施設についても，適切な維持管理・機器更新を行うことにより，引き続き使用できるな

3節　水力発電の恵み

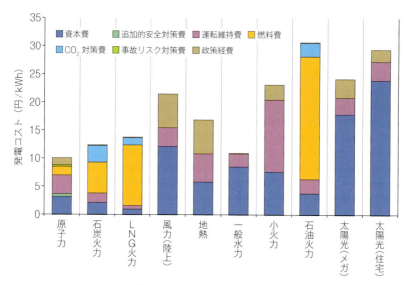

図 1.3-5　電源別の発電コスト
（出典：総合資源エネルギー調査会 発電コスト検証ワーキンググループ（第7回会合）資料1[6]）をもとに作成）

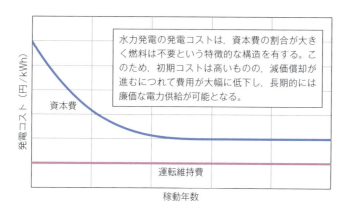

図 1.3-6　水力発電の発電コストの経年推移イメージ（定率法による償却の場合）
（出典：一般財団法人 新エネルギー財団 新エネルギー産業会議「水力発電の開発促進に関する提言」2017年3月[7]）

1章 水力発電の役割

ど，ほかの電源に比べて長期にわたって発電コストが安定しているというメリットがある。（**図1.3-6**）

コラム　水力発電の優位性

　同じ年間可能発電電力量を得るために必要となる電源別の出力を下表に示すが，これより下記のことがわかる。

◎　400万kWh/年の年間可能発電電力量を得るための電源別の出力は，設備利用率などの関係から，一般水力で1000kW，太陽光発電（メガソーラー）で3300kW，風力発電（陸上）で2300kWとなる。

◎　つまり，同一の発電電力量を確保するには，一般水力に比べ太陽光発電では約3倍，風力発電で約2倍の出力が必要となる。

◎　一般水力および小水力①の建設単価（円/kWh）は，太陽光発電や風力発電に比べ安価である。送配電等の設備費を考慮すれば水力発電のコスト面の優位性が明確となると判断される。

◎　水力発電の起動・停止に要する時間や出力変化は数分で対応でき，同じく出力調整できる火力発電よりも非常に短時間で対応できる。つまり，短期間で需要変動に対応できる発電方法である。

同じ年間可能発電電力量を得るために必要となる電源別の出力の試算結果

電源の種類	出力 (kW)	設備利用率	年間可能発電電力量（万kWh/年）	建設単価		建設費の目安（億円）
				（万円/kW）	（円/kWh）	
一般水力	1 000	45%	400	64	160	6.4
小水力①（80万円/kW）	800	60%	400	80	160	6.4
小水力②（100万円/kW）	800	60%	400	100	200	8.0
太陽光（メガソーラー）	3 300	14%	400	29.4	243	9.7
風力（陸上）	2 300	20%	400	28.4	163	6.5
風力（洋上）	1 500	30%	400	51.5	193	7.7

（出典：一般財団法人 新エネルギー財団 新エネルギー産業会議「水力発電の開発促進に関する提言」2017年3月に一部加筆）

3節　水力発電の恵み

コラム　水力発電施設の耐用年数

　水力発電所は，耐用年数が長い土木・建築施設が 50 ～ 70 ％を占め，ほかの発電方法に比べ施設を長期間使用できる長所がある。特に，大規模な水力発電施設においてその取水機能を担っているダムは，適切な維持・補修により，長期にわたって安全性および機能を保持していくことで，半永久的に使用できる施設である。

　発電方式別の法定耐用年数を以下に示すが，水力発電はほかの発電方式に比べて長期間の供用が見込まれていることがわかる。なお，水力発電施設の耐用年数は一般に 40 年間といわれているが，これは，貯水池・水路（法定耐用年数 57 年），発電設備（同 22 年）の加重平均を取ったものである。

発電方式別の法定耐用年数

発電方式		法定耐用年数	備　考
水力	ダム	80 年	構築物：鉄骨鉄筋コンクリート造または鉄筋コンクリート造のもの（水道用ダム）
	貯水池・水路	57 年	構築物：水力発電用のもの
	発電設備	22 年	機械装置：電気業用設備・電気業用水力発電設備
太陽光		17 年	機械装置：電気業用設備・その他の設備・主として金属製のもの
風力		17 年	機械装置：電気業用設備・その他の設備・主として金属製のもの
火力（石油・LNG・石炭）		15 年	機械装置：電気業用設備・汽力発電設備・内燃力またはガスタービン発電設備

（出典：減価償却資産の耐用年数等に関する省令）

◆ 発電に伴う環境負荷の軽減（環境価値）

（1）温室効果ガス排出量の減少

　第 21 回気候変動枠組条約締約国会議（COP21）でパリ協定が採択され，我が国は，CO_2 排出量を 2030 年度に 2013 年度比 − 26.0 ％（2005 年度比 − 25.4 ％）とする目標値を掲げている。

　図 1.3-7 は発電方式別の CO_2 排出量を対比したものである。図中の CO_2 排出量は，発電施設の運転によって排出される直接排出量と，施設建設等の段階で排出される間接排出量の合計で示されている。同図によれば，水力発電は示

1章 水力発電の役割

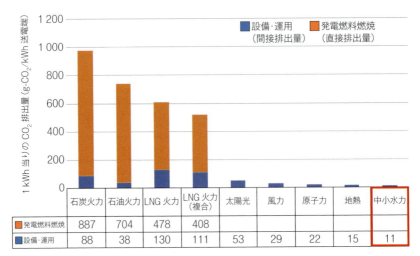

図 1.3-7 発電方式別二酸化炭素（CO_2）排出量
（出典：資源エネルギー庁「エネルギー白書 2018」[3]）

されている発電方式の中で最も CO_2 排出量が少ないクリーンエネルギーといえる。

さらに，エネルギー密度（単位面積あたりでどれくらい発電できるかを表す数値）が高いことなどから，地球環境の視点では負荷が小さい施設といえる。ちなみに，再生可能エネルギーのエネルギー密度は，太陽光発電や風力発電で 20 kWh/m²・年に対し水力発電は 100 kWh/m²・年である。

経済産業省では，①徹底した省エネルギー（＝石油危機並みの 35 % 効率改善），②再生可能エネルギーの最大導入（＝現状から倍増）など野心的な目標を設定している。この目標を実現させるためには，市場任せではなく，総合的な政策措置が不可欠であり，関連制度の一体的整備を行うために，「エネルギー革新戦略」が 2016 年（平成 28 年）4 月に策定された。本戦略の実行により，2030 年度には，省エネルギーや再生エネルギー関連投資に 28 兆円，うち水素関連に 1 兆円の効果も併せて期待されている。

(2) 環境上の課題

再生可能エネルギーは自然にやさしい発電方法であるように思われているが，**表 1.3-3** に示すような環境負荷が想定される。**表 1.3-3** は主な環境負荷を示

3節 水力発電の恵み

表 1.3-3　各発電方式が環境に対して及ぼす負荷（○：影響あり）

発電方式	景観	騒音	振動	光害	地形改変	その他
太陽光	○	○*		○	○	パネル下の植生
風力	○	○	○	○		鳥類の衝突，低周波騒音
水力	○				○	堆砂，水質，水生生物の生態
地熱	○	○	○			臭気
バイオマス		○	○			温廃熱，森林減少

＊雨滴による騒音を想定

したものであるが，再生可能エネルギーを増強するには，それら環境負荷を軽減させる努力が求められる。

　特に，本書で取り上げている水力発電で想定される環境負荷は，**表 1.3-3**にも示しているが，ダムで水をせき止めるため，上流から流れてくる土砂を捕捉することに起因する土砂移動が不連続となる問題，水を貯水池で貯留することに起因する水質問題や河川での減水問題などがある。

　これらの問題解決方法については，次章以降で詳述することとする。

◆ 社会への貢献（社会的価値）

（1）　政策による地域社会への貢献

　発電設備等の設置，運用による地域社会への貢献については，これまでも国のエネルギー政策や地域政策に盛り込まれてきた（**表 1.3-4**）。その代表的なものが，電源立地を円滑に進めることを目的として 1974 年（昭和 49 年）に制定された「電源開発促進税法」「電源開発促進対策特別会計法」「発電用施設周辺地域整備法」の，いわゆる電源三法に基づくもので，「電源立地地域対策交付金」（2003 年 10 月に交付金制度改正）として地元市町村等に交付されている。その額は，発電出力によって計算されるが，発電所が所在する市町村が単独の場合に，運用開始後 5 年までは，1 000 ～ 5 000 kW 規模で 4 000 万円，15年以上で，最低保障額 450 万円程度が交付されており，公共用施設整備，企業導入・産業近代化，福祉対策，地域活性化などの事業に活用されている。

　これに対し近年は，電源立地促進のための地元対策の考え方から，地域資源

1章 水力発電の役割

表 1.3-4 制度・政策における地域社会への貢献のねらい

ねらい	制度・政策
1) 電源立地促進のために地域と共生	○ 電源三法交付金（経産省，1974 ～） ○ 電源地域振興事業（経産省，1985 ～）
2) 地球環境保全のために地域主導の再エネ利用を促進	○ グリーン電力証書需要創出（環境省，2009 ～） ○ 地域グリーンニューディール基金（環境省，2009 ～） ○ 地域主導による再生エネ等導入事業化推進（環境省，2011 ～）
3) 地域活性化のために再エネ利用を促進	○ 地域再生制度（内閣府，2005 ～） ○ 地域創造施策（総務省，2010 ～） ○ 再生エネ発電事業による地域活性化（経産省，2012 ～） ○ 農山漁村への再生エネ導入推進（農水省，2012 ～） ○ 分散型エネルギーインフラプロジェクト（総務省，2013 ～）

を活用した立地地域の活性化，すなわち再生可能エネルギープロジェクトの便益を立地地域が共有し，発電所と地域の持続的な共生を図る考え方に変化しており，水力発電には地域創生の役割が期待されている。海外でも IEA（国際エネルギー機関）水力実施協定が「水力発電と環境に関わるガイドライン」（2000年）において，水力プロジェクトの便益を立地地域が共有することの重要性を勧告している。

　水力発電と地域創生については，特に小水力発電によるものが導入に向けた障害も比較的小さく，地域主導，地域のための事業として注目されている。ただし，電源立地地域対策交付金は 1 000 kW 以下の小水力発電の開発や出力増加を伴う既設発電所の更新などには適用対象外となることから，地域振興を目的とした水力発電事業の推進との視点からも支援制度の拡充が望まれている。

(2) コミュニティ形成

　ダム・貯水池，発電所等の施設では，構内を利用した地域のコミュニケーションの場が生まれ，イベント，祭りの会場等として利用されるようになった。
　一例として，下久保ダムにおける上下流地域の交流事業がある。これは，水源地域を取り巻く現状・問題を理解することを目的に 2004 年度（平成 16 年度）から実施されており，下流地域の NPO 法人や水道関係者等を対象に，水源地域を訪ね，清掃活動等を通じて水の大切さを再認識するとともにダム施設を見学するものである。

3節 水力発電の恵み

（3）新たな事業スキームによる地域振興

　近年，農業用水などを利用して水力発電を行う場合，河川法改正による手続などの簡素化から，地域主導で小水力発電事業を企画・建設・運営し，これをまちづくりに生かす取り組みが行われている。

　山梨県都留市では，クリーンエネルギーの導入促進と環境に対する意識啓発を目的として，小水力発電施設の建設と運用が行われており，小水力発電による電力を地域の展示施設への供給に活用している。また，小水力発電を通じた環境学習の体験フィールドを整備し，視察研修も受け入れており，これによって新たな交流の場が創出されている。なお，この事業では，建設費用の一部を市民債により調達しており，地方自治体と地域が一体となって小水力事業に取り組んでいる。

　ただし，事業を企画するうえでは，技術的および手続き的なノウハウが必要であり，地域振興を行おうとする自治体などの団体においては，このノウハウの蓄積が不足していることが，小水力発電導入を妨げている一因となっている。

（4）観光資源

　ダム・貯水池，発電所等が新たな景観，観光のポイントとなり，観光地，保養地，スポーツ，レクリエーション，学習・教養等の場が生まれるようになった。また，インフラツアーが開催されるようになり，従来のダム管理者が主体的に実施する「現場見学」に加え，民間旅行会社が企画立案する「民間主催ツアー」も開催されるようになってきた。

● ダム管理者主催のイベント

　一例として，黒部ダム観光が挙げられる（**図 1.3-8**）。黒部ダムは，水力発電を目的として建設されたダムである。1964 年（昭和 39 年）8 月より観光が可能になったが，これまでに訪れた観光客は延べ 4 000 万人以上，現在も毎年 100 万人以上の観光客が黒部ダムを訪れており，地域の観光資源として大きな経済効果をもたらしている。

● 民間旅行会社主催のイベント

　民間旅行会社が主催のインフラツアーは，国土交通省総合政策局のホームページに **表 1.3-5** に示すように取りまとめられている。その中の一例を**図 1.3-9** に示す。

1章　水力発電の役割

図 1.3-8　観光振興の一例（黒部ダム観光）　（出典：黒部ダムオフィシャルサイト[8]）

表 1.3-5　インフラツアー（民間旅行会社）

インフラ	開催時期	ツアー内容	企画会社等	参加費	写真
宇津ノ谷明治トンネル 巖井寺トンネル （静岡県静岡市掛川市）	平成31年1月13日（日）	トンネル探検隊がゆく！宇津ノ谷明治トンネルと巖井寺トンネル〜静岡の産業遺産　日帰り 山中などにある，人通りもほとんどない貴重な産業遺産「トンネル」を訪ね，，トンネルが造られた目的や歴史を考察し，煉瓦積みの方法や造形からトンネルを分類するなど，トンネルそのものを観察対象にした極めてユニークなツアーです。	朝日旅行	東京発着 大人15 800円 小人15 000円	
大井川鉄道 長島ダム （静岡県島田市，榛原郡川根本町）	平成28年3月22日〜 （平日のみ）	奥大井長島ダム内部見学プラン（完全予約制） アプト式電車で長島ダムへ。日頃立ち入ることができないダム内部を見学，その凄さを見て・感じて・学んで頂きます。鉄道マニアもダムマニアも満足！ ＊業務の都合上，長島ダムの見学をご案内できない場合があります。	大井川鐵道(株)営業部 ＊お申し込みはお電話で。2名様以上，利用日1ヵ月前から受付。7日前までに申し込みください。	大人：3 880円 小人：1 940円 （復路乗車券は途中下車可能）	

（出典：国土交通省HP「インフラツーリズム」[9]より作成）

3節　水力発電の恵み

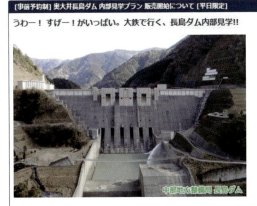

図1.3-9　長島ダムの事例　（出典：大井川鐵道（株）HP[10]）

(5) 災害時の地域貢献

　ダムの放流水の有効活用方策の一つとして，ダム管理用発電設備の設置がある。ダム管理用発電設備は，ダムの管理（ゲート動力など）に使用する電力をダムの放流水の有効活用によって生まれる水力により発電する設備である。ここでは，このダム管理用発電設備が大規模災害時の地域住民に役立った事例を紹介する。

　東北地方太平洋沖地震発生直後は，東日本の広域にわたり停電（商用電源の供給停止）が発生した。停電の影響はダムにももたらされ，東北地方整備局管内の国土交通省所管の16ダムのうち15ダムで停電し，中には91時間も停電したダムもあった。このため，ダム管理用電源として商用電源を使用しているダムでは，ダム施設の維持を図るため，予備発電機（ディーゼル）を使用す

1章　水力発電の役割

写真 1.3-1　東北地方太平洋沖地震発生後の摺上川ダム管理所の様子 [11]

ることとなった。しかし，東北地方太平洋沖地震発生直後は，東日本の広域にわたり燃料不足が生じ，予備発電機の燃料確保が困難を極めた。

　このような状況の中にあって，摺上川ダムでは，単独運転が可能な発電機を有するダム管理用発電設備等が設置されていたため，停電中においても予備発電機（ディーゼル）を使用することなく，管理所や管理設備へ電力を供給することができた。この結果，地震により停電・断水が発生したダム直下の地域住民約 150 名が摺上川ダムを避難場所として活用した（**写真 1.3-1**）。ダムが大規模災害時において，電力や飲料水の供給スポットとなり得ることを示した事例である。

《参考引用文献》

1) Motoyuki Inoue, Evaluation of Diverse Values of Hydropower, Journal of Disaster Research, Vol.13, No.4, 2018
2) 井上素行「水力エネルギーの価値と可能性－豊かな水に恵まれた日本の水力を探る－」電力土木，第 399 号，2019 年 1 月
3) 資源エネルギー庁「エネルギー白書 2018」
4) 茅陽一監修『新エネルギー大辞事典』工業調査会，2002 年 2 月
5) 資源エネルギー庁 HP「水力発電について」「データベース」「日本の水力エネルギー量（2017 年 3 月 31 日現在）」

3節 水力発電の恵み

https://www.enecho.meti.go.jp/category/electricity_and_gas/electric/hydroelectric/database/energy_japan001/

6) 総合資源エネルギー調査会 発電コスト検証ワーキンググループ（第7回会合）資料1

7) 一般財団法人 新エネルギー財団 新エネルギー産業会議「水力発電の開発促進に関する提言」2017年3月

8) 黒部ダムオフィシャルサイト
http：//www.kurobe-dam.com/kankou/index.html

9) 国土交通省HP「インフラツーリズム」
http：//www.mlit.go.jp/sogoseisaku/region/infratourism/tour.html#area-05

10) 大井川鐵道（株）HP
http：//oigawa-railway.co.jp/archives/event/nagashimadamu2016

11) 国土交通省東北地方整備局摺上川ダム管理所「（記者発表資料）2011 摺上川ダムのこの1年」2011年12月
http：//www.thr.mlit.go.jp/surikami/news/20111214.pdf

1章　水力発電の役割

コラム　水力発電の雇用創出

　電源別の生産誘発額および雇用創出数を下図に示す。水力発電は太陽光発電や風力発電に比べ，生産誘発額，雇用創出数が多く，地域活性の効果が大きいことがわかる。

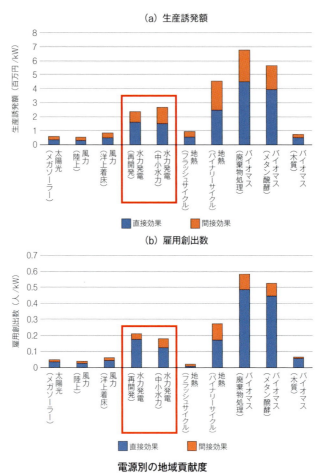

電源別の地域貢献度

（出典：拡張産業連関表による再生可能エネルギー発電施設建設の経済・環境への波及効果分析より作成）

2章
水力発電の新たなかたち

駒ヶ根高原水力発電所 取水堰
(提供：(株)建設技術研究所)

2章 水力発電の新たなかたち

1節 再生可能エネルギーの安定化への貢献

◆ 再生可能エネルギーの特徴と課題 [1]

　現在の我が国の主要なエネルギー源である石油・石炭などの化石燃料は，限りがある資源であるのに対し，太陽光や風力などのエネルギーは，資源が枯渇しないエネルギーであり「再生可能エネルギー」ともいわれている。再生可能エネルギーは，化石燃料に代わるクリーンなエネルギーとして着目され，導入が進んでいるが，太陽光発電や風力発電等の再生可能エネルギーは，天候や時間によって発電出力が変動してしまう特性を有し，電力供給上の課題がある。

　電力が安定的に供給されるためには，電力の需要と供給がバランスされ，周波数が常に安定的に保たれることが必要である。太陽光発電や風力発電等の再生可能エネルギーの発電出力が大きく変動すると，電力の需要と供給のバランスが崩れ，周波数が変動する。最悪の場合，多数の発電機が設備損壊を回避するために自動的に停止し，その結果として，大規模な停電が発生するおそれがある。

　国際エネルギー機関（IEA）の報告書では，太陽光・風力発電の再生可能エネルギーの導入状況と運用面の対応がまとめられている（**表 2.1-1**）。これに基づき，現在の我が国の状況をみてみると，九州以外の地域はフェーズ2（太陽光・風力発電の監視，需給運用の工夫が必要となっている状況）であるのに対し，九州ではほかの地域よりも太陽光発電の導入が進んでいることから，早くもフェーズ3（太陽光・風力発電の出力変動に備えた柔軟な対応が必要な状況）を迎えている（実際，九州では，電力需要が少なくなる端境期の休日に，再生可能エネルギーの出力制御が行われた実績がある）。

　今後，九州以外の地域において今以上に再生可能エネルギーの整備が進んでいくと，九州での状況と同様に，太陽光発電や風力発電の出力増加による昼間の余剰電力発生，需給バランスの変動による周波数変動への対応等の課題が生じることも考えられる。

　これらの課題に対応するために，太陽光発電等の再生可能エネルギーによる

1節 再生可能エネルギーの安定化への貢献

表2.1-1 各国の再生可能エネルギーの導入状況と運用面の対応

フェーズ	太陽光，風力の電力量に占める導入状況	運用面の対応	該当する主な国・地域
フェーズ1	3％程度	太陽光・風力発電が需給運用に影響を与えない状況	インドネシア，メキシコ，南アフリカ
フェーズ2	3～15％程度	太陽光・風力発電の監視，需給運用の工夫が必要となっている状況	ベルギー，オーストラリア，スウェーデン，中国，オランダ，**日本（九州以外）**
フェーズ3	10～25％程度	太陽光・風力発電の出力変動に備えた柔軟な対応が必要な状況	ポルトガル，<u>スペイン</u>，ギリシャ，<u>ドイツ</u>，<u>イタリア</u>，<u>イギリス</u>，<u>カリフォルニア州</u>，**九州**
フェーズ4	25～30％程度	太陽光・風力発電が電力需要の100％を占める時間があり，これにより需給運用が硬直化している状況	<u>デンマーク</u>，<u>アイルランド</u>

注）下線部は，既に再エネ出力制御を実施している国・地域

（出典：九州電力（株）「九州本土における再生可能エネルギーの出力制御について」[2]）

発電電力量が需要量を上回るときには，① 電力系統全体で安定化を図る，② 余剰電力の貯蔵機能を有する設備を整備する，③ 太陽光発電等の再生可能エネルギーの発電を一時的に停止することなどが必要となる。

コラム　アイルランドの再エネ事情

　再生可能エネルギーの導入が進み，電力量に占める割合が25％程度を超えるとフェーズ4（電力需要を太陽光・風力発電のみで賄うことが可能な時間が発生する状況）となり，この段階においては綿密な需給バランスの調整や系統の安定化対策が必要となる。

　アイルランドでは2018年現在，全発電に占める風力発電の割合が22％となっており，電力の安定供給の観点から，風力発電の出力制御が日常的に実施されているという。2020年までに再生可能エネルギーの発電比率を40％以上とする目標を掲げており，風力発電の導入に加え，全国の送電網の整備，電力を一元的に管理するためのシステム構築，変動調整のためのガスタービン発電所や蓄電池施設の設置等が積極的に進められている。そのほか，系統連系を確実に実施するために，風力発電の発電量予測，運用手順の作成等も必要と考えられている。

2章　水力発電の新たなかたち

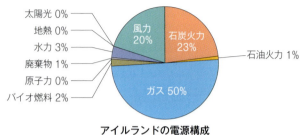

アイルランドの電源構成

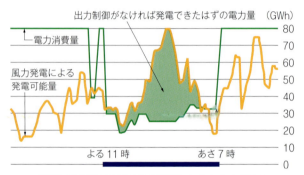

実際に風力発電の出力抑制が行われたときのグラフ

（出典：NHKニュース「おはよう日本」HP「アイルランドに学ぶ・再生可能エネルギー」）

《参考引用文献》
1) NHKニュース「おはよう日本」HP「アイルランドに学ぶ・再生可能エネルギー」　https://www.nhk.or.jp/ohayou/digest/2018/11/1116.html

◆ 水力発電のメリハリある運用

　水力発電所の形式は，発電所の運用上の特性による分類によって「自流式（流込み式）発電所」「調整池式発電所」「貯水池式発電所」に分けられる。自流式（流込み式）発電所は，河川の自然流量を調整せずにそのまま発電に使用する形式である。一方，調整池式発電所は，1日または1週間程度の流量調整ができる程度の貯水池容量を持ち，日単位・週単位の電力需要変動に対し，発電電力量を安定化する役割を持っている。また，貯水池式発電所は，年間または季節的な調整ができる程度の大きな貯水池容量を持ち，季節による河川流況変動や電

力需要変動に対し，発電電力量を安定化する役割を持っている。

　天候や時間によって発電出力が変動してしまう太陽光発電や風力発電等の再生可能エネルギーの増加に伴う発電需給に与える影響の増大に適応する方法として，出力制御による調整に加え，上記の調整池式・貯水池式発電施設のメリハリある運用による需給バランスの調整が考えられる。

◆ 揚水式発電の有効活用

　ここで，揚水発電所の稼動状況をみると，原子力発電の稼動状況と呼応していることがわかり，1997年（平成9年）ごろをピークに年々減少している（図2.1-1）。さらに，東北地方太平洋沖地震を契機に原子力発電の稼働率は大きく落ち込み，これと呼応するように揚水発電の設備利用率も，東北地方太平洋沖地震前に比べると低下している状況である。

　化石燃料資源に乏しい我が国では，二度にわたるオイルショックを経験した1970年代以降，エネルギーの安定供給への社会的要請を受けて，原子力発電所が多数建設された。原子力発電は化石燃料を用いた発電に比べると，燃料の安定供給やCO_2の排出といった面で優れる一方で，発電出力を容易に調整で

図2.1-1　揚水式発電と原子力発電の電力量の推移
（出典：電気事業連合会 HP「電気事業のデータベース INFOBASE」[5]より作成）

2章 水力発電の新たなかたち

きない特性を有し，電力需要の少ない夜間であっても日中と同様の発電を行う
ことが基本となる。

　この原子力発電施設や火力発電施設などによって生じる夜間の余剰電力の有
効活用を図ることなどを目的に，我が国では揚水発電所が数多く建設された。
揚水発電所について諸外国と比較すると，国土面積あたりおよび人口あたりの
揚水貯蔵量では世界最大規模となっている（**表 2.1-2**）。

　このような状況の中，近年，太陽光発電をはじめとする再生可能エネルギーの
施設数が増加している。前述のとおり，今後，我が国においては，太陽光発電や
風力発電の出力増加による昼間の余剰電力発生，需給バランスの変動による周波
数変動への対応等の課題が生じると考えられるため，これへの対応として，出力
制御に加え，揚水発電施設の有効活用の可能性について検討を行うことが考えら
れる。

表 2.1-2　各国の揚水発電規模および原子力発電出力

国名	揚水発電		原子力発電		国土面積あたりの揚水貯蔵量（kW/千km²）	人口あたりの揚水貯蔵量（kW/人）
	個所数	揚水貯蔵量（MW）	個所数	発電出力（MW）		
ロシア	5	2 230	31	2 794	130	15
カナダ	1	170	19	1 427	17	5
アメリカ	38	22 560	99	10 356	2 296	69
中国	34	32 000	37	3 566	3 334	23
インド	9	5 770	22	678	1 755	4
フランス	10	5 810	58	6 588	9 022	89
スペイン	21	6 980	7	740	13 822	150
日本	43	28 250	42	4 148	74 735	222
ドイツ	28	6 530	7	678	18 291	79
イタリア	18	7 070	0	0	23 488	119
イギリス	4	2 830	15	1 036	11 598	43
韓国	7	4 700	24	2 253	47 000	92
スイス	3	1 050	5	349	25 610	123

（出典：DOE GLOBAL ENERGY STORAGE DATABASE [3] および「世界の原子力発電開発の
　　動向」[4] より作成）

1節　再生可能エネルギーの安定化への貢献

《参考引用文献》

1）資源エネルギー庁 HP「なっとく！　再生可能エネルギー」
　　http：//www.enecho.meti.go.jp/category/saving_and_new/saiene/renewable/outline/
2）九州電力（株）「九州本土における再生可能エネルギーの出力制御について」2018
　　年 10 月 10 日
3）DOE GLOBAL ENERGY STORAGE DATABASE
4）「世界の原子力発電開発の動向」
5）電気事業連合会 HP「電気事業のデータベース INFOBASE」
　　http：//www.fepc.or.jp/library/data/infobase/

2章　水力発電の新たなかたち

> **コラム　国境を越えた系統連系**

アメリカでは，太陽光発電や風力発電によるエネルギー供給の不安定性が問題視されており，これへの対応として，揚水発電の電力貯蔵機能を活用した発電施設が多数計画されている。以下にその一例を示す。

Minnesota Power 社（アメリカ）と Manitoba Hydro 社（カナダ）では，風力発電と水力発電にかかわる組織の垣根や国境を越えた取り組みを進めている。

この計画は，Minnesota Power の電力供給先であるミネソタ州北部・中部と Manitoba Hydro の電力供給網との間に新たに 500 kV の電線（Great Northern Transmission line という）を配置し，両者の間で電力のやりとりを可能とすることで，Minnesota Power で過剰に風力発電が行われた場合，その電力を Manitoba Hydro の揚水発電所で揚水貯蔵し，これを売電単価が高いときなどに使用（売電）するものである（下図）。Manitoba Hydro の施設は，風力発電の余剰を蓄電し，電力需要に応じて送電をする 450 万 kW のバッテリーのような役割を担うこととなる。現在送電線の建設が行われており，2020 年のサービス開始が予定されているという。

九州でも春・秋等の電力需要が比較的少ない時期に，昼間太陽光発電による発電出力の増大により，電力供給が電力需要を上回る状況が発生している。

今後，我が国においても，太陽光発電や風力発電などの再生可能エネルギーの安定化に向けて，既存の水力発電施設や揚水式発電施設の有効活用について，国民で議論を開始することが必要であろう。

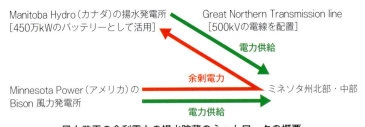

風力発電の余剰電力の揚水貯蔵のネットワークの概要
（出典：2015 HydroVision[1] をもとに作成）

《参考引用文献》
1) 2015 HydroVision International
　https：//www.hydropower.org/events/hydrovision-international-2015

1節　再生可能エネルギーの安定化への貢献

コラム　太陽光発電と日食の関係

　2017年8月22日，アメリカにおいて1918年以来100年ぶりとなる皆既日食が発生した。この影響により，大規模太陽光発電を導入している地域において，電力不足による停電等の障害が想定された。

　ノースカロライナ州とサウスカロライナ州で電力供給の大部分を賄っているデューク・エナジー社では，午後1時から午後3時までの2時間，太陽光の90％が遮られることで，ピーク時の発電量が250万kWから20万kWまで減少すると予測されたため，それに合わせた天然ガス発電の出力増大により対応した。

　カリフォルニア州でも太陽光発電の導入が進んでおり，電力容量の約50％が太陽光発電で構成されている。カリフォルニア独立系統運用機関（CAISO）によれば，日食により3時間という短時間で太陽光発電量の急激な変動（約62～73％減少）が生じ，これに伴う電力系統の不安定化が懸念された。このため，日食による発電量の減少を，天然ガス発電，蓄電池や揚水発電による貯蔵電力を用いて対応した。

　蓄電池や揚水発電等の二次電力貯蔵システムによる電力供給は，最も起動時間が速いとされる天然ガス発電と比べても速く，短時間でのオン・オフができるため，今回の皆既日食のような不測の事態においても，電力の安定供給が可能であるとされる。カリフォルニア州では二次電力貯蔵システムの規模を2020年までに130万kW以上まで拡大させる計画であり，他地域においても電力貯蔵システム，および送電網の整備が望まれているという。

電力貯蔵施設

2017年8月22日食観測ルート

《参考引用文献》
1) SOLAR MAGAZINE　https：//solarmagazine.com

2節 リパワリングされる水力発電

◆既設水力発電のリパワリング(増出力・増電力量)のチャンス

　今日に至るまで各種規模の水力発電所が国内各所に設置され、その施設数(延べ数)は約2 000か所以上にも及ぶ(**図 2.2-1**)。水力発電施設の耐用年数は長く、法定耐用年数でも40年程度(コラム「水力発電施設の耐用年数」参照)、実際はそれ以上の年数の供用が可能である。

　しかし、いかに耐用年数が長い水力発電施設であっても、いずれは、設備の更新時期を迎えることとなる。ここで、運転開始から40年を超えた施設(1980年以前に設置された施設)をみてみると、全体の約7割(ただし、運用廃止・設備更新された施設も含む値)を占めており、今後、これらが設備の更新時期を迎えていくものと考えられる。

　水力発電施設の更新に合わせ、最新技術を用いた設備への更新や改造等を行うことで、小さな環境負荷で発電出力および発電電力量の増加を図ることが可能であり、我が国最古の水力発電所である三居沢発電所(運転開始当初5kW→現在1 000kW)や蹴上発電所(運転開始当初160kW→現在4 500kW)でもリパワリングが実施されてきている(**写真 2.2-1**, **2.2-2**)。

写真 2.2-1　現在の三居沢発電所　(出典:東北電力リーフレット[1])

2節 リパワリングされる水力発電

写真 2.2-2 現在の蹴上発電所
(出典:関西電力(株)プレスリリース資料,2018年2月2))

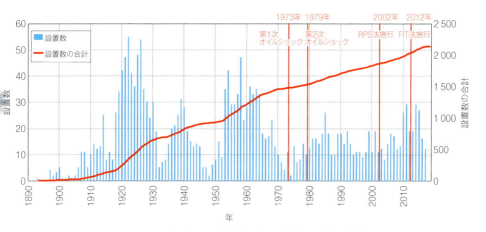

図 2.2-1 国内における水力発電施設の新規設置数の推移
(出典:国土交通省 HP「一級河川における水力発電施設諸元一覧(平成 22 年 3 月 31 日現在)」[3],一般社団法人 電力土木技術協会 HP「水力発電所データベース」[4],全国小水力利用推進協議会 HP「全国小水力発電データベース」[5] より作成)

◆ リパワリングの基本原理

　水力発電による発電出力は，流量・落差・効率の積により求められ，発電電力量は，発電出力・発電時間の積により求められる（**図 2.2-2**）。水力発電施設のリパワリング（増出力・増電力量）を達成するためには，これらの要素の一つあるいは複数の向上を図ることが求められる。

　上記の発電に必要な要素の向上を図るための技術的方法について整理すると**表 2.2-1** に示すとおりである。以降では，これらの発電に必要な要素の改善により増出力・増電力量が図られた事例を紹介する。

図 2.2-2　水力発電の仕組み

2節　リパワリングされる水力発電

表 2.2-1　発電電力量を増大させるための方策と課題

発電の要素	発電電力量を増大するための方策	発電電力量を増大するうえでの課題
流量 Q	・最大使用水量を最適化し，効率的な発電を行う	・正確な流量資料の整理が必要になる ・機械設備の更新が必要になる場合がある ・機械設備の性能確認試験が必要になる ・気象予測精度の向上や AI 技術の活用が必要になる
	・ダムを設置し，流況の安定化，無効放流の最小化を図る	・正確な流量資料の整備が必要になる ・土木施設の設置が必要になる
落差 H	・ダムの貯水位をより高標高に維持する ・放水位をより低標高に設置する ・損失落差の低減を図る	・土木施設をはじめとする施設の改修が必要になる場合がある ・気象予測精度の向上や AI 技術の活用が必要になる
効率 η	・水車の効率を向上させる	・技術開発が必要になる（近年，高効率水車設計や可変速制御等の技術開発が進められている）

◆ リパワリング事例①（流量の見直し）

　最大使用水量の増量を行うことで，最大出力を増加させた水力発電所がある。

　北海道電力では，性能確認試験で出力の増加が可能と判断できた場合には，設備の改修や交換などを行うことなく最大出力と発電量の増加を図る取り組みを実施しており，これまでに計 5 か所の発電所において，許可されている取水量の範囲内での使用水量の見直しを行っている（**表 2.2-2**，**写真 2.2-3**）。この結果，増出力は 2 200 kW，年間の増電力量は約 817 万 kWh となっている。

　なお，水力発電は公水である河川水を使用することが基本となるため，設備更新時において，任意に最大使用水量を増量することはできないことには注意が必要である。

表 2.2-2　北海道電力での最大使用水量見直しに伴う増出力・増電力量の実績

発電所	実施年月	実施前の出力 (kW)	実施後の出力 (kW)	増出力 (kW)	増電力量 (kWh/ 年)
愛別	2015 年 10 月	5 500	5 600	100	約 75 万
志比内	2015 年 10 月	1 300	1 600	300	約 263 万
砥山	2016 年 1 月	10 000	10 200	200	約 63 万
岩知志	2016 年 4 月	13 500	14 300	800	約 270 万
奥沙流	2018 年 4 月	15 000	15 800	800	約 146 万
			合計	2 200	約 817 万

（出典：北海道電力 HP「水力発電所の開発・出力向上」[6]）

51

2章　水力発電の新たなかたち

写真 2.2-3　奥沙流発電所の建屋（左）と水車発電機（右）
（出典：北海道電力（株）プレスリリース資料，2018年4月[7]）

◆ リパワリング事例②（落差の見直し）

　施設改造や設備更新を伴わずに発電電力量の増大を達成させる手法として，電力会社は，既設の水力発電用ダムの運用高度化への取り組みを始めている。
　中部電力では，ダムの高水位運用により取水位を高くして落差の増加を図っている（図 2.2-3）。これまでは，突然の降雨による流量の急激な増加に備え，ダムの水位は裕度をもって管理してきたが，高度化された雨量予測の活用と，ダム周辺で降った雨のタイムラグを踏まえたダムへの流入量予測によってより高い水位でダムを運用することができるようになった。これによって，水の落差を増加（0.3～7 m 上昇）させることで，発電電力量の増加が図られている。
　東京電力ホールディングスでは，2017 年（平成 29 年）より理化学研究所と

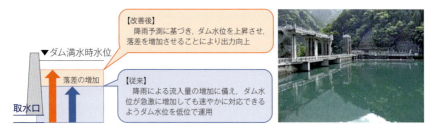

図 2.2-3　中部電力の水力発電ダムにおける高水位運用
（出典：中部電力（株）「既設水力発電所の発電電力量増加の取り組みについて」2017 年 7 月 28 日[8]）

52

2節 リパワリングされる水力発電

共同で雨量や河川流量の予測精度を高める研究に着手している。さらに，これらの予測結果と AI 技術の活用によりダムからの放流量や放流時間を最適化し，下流域の安全性を確保しながら水力発電電力量の増大を目指している。これらの研究を長野県犀川にある 5 か所の水力発電所（合計出力：9 万 9 800 kW）を対象に進め，現在の年間発電電力量から最大 1 500 万 kWh 程度増やすことを目標に掲げている[9]。

　関西電力でも，2018 年（平成 30 年）より黒部川水系の 12 か所の水力発電所を対象に同様の研究に着手しており，年間最大 3 000 万 kWh 程度増やすこと（現状の 1 % 増）を目標に掲げている[10]。

　既存施設の改造・移設等は容易ではないものの，以上のような気象予測精度の向上と AI の活用による貯水位低下最小化を目指した運用高度化が可能になると落差の大幅増加とそれに伴う増出力・増電力量が達成される可能性がある。

　また，水圧管路（鉄管）の長期的な使用に伴い管路内面に損耗等が生じている場合には，水圧管路の更新により管路内面の平滑が復元され，損失水頭の減少（＝落差の回復と同等）を図ることができる。

◆ リパワリング事例③（効率の見直し）

　既設水力発電所における水車・発電機の老朽化に伴う設備更新に際して，機器を更新することにより効率回復が期待できる。加えて，近年の技術開発による水車・発電機の効率向上も期待できる。

　広島県にある中国電力の土居発電所は，太田川水系太田川の鱒溜ダムより取水して発電を行うダム水路式発電の施設である。運転開始後 70 年間維持管理を行ってきたが，水車・発電機設備の老朽化が著しく，補修限界を迎えたことから，2010 年（平成 22 年）に設備の更新が行われている。

　更新後の水車・発電機の高効率化により，使用水量や有効落差を変更することなく，最大出力が 8 000 kW から 8 200 kW に増加している（**表 2.2-3**，**写真 2.2-4**）。また，これまで 2 台であった水車発電機を 1 台とすることで，コスト縮減のほか，維持管理に要する負担も軽減させている。

53

2章　水力発電の新たなかたち

表 2.2-3　土居発電所の更新前後の諸元

項　目	更新前	更新後
最大出力（kW）	8 000	8 200
最大使用水量（m³/s）	7.6	同左
有効落差（m）	129.6	同左
水車発電機台数（台）	2	1
水車形式	立軸フランシス	横軸フランシス
発電機形式	同期発電機	同期発電機

（出典：IEA 水力実施協定「ANNEX11 水力発電設備の更新と増強　成果報告書」[11]）

写真 2.2-4　更新前後の水車発電機
（出典：IEA 水力実施協定「ANNEX 11 水力発電設備の更新と増強　成果報告書」[11]）

　同様に，栃木県にある東京電力の西鬼怒川発電所も，老朽化した水車発電機の更新を行う際，水車を2台から1台とし，水車形式を変更するなどして施設改修が行われている．これにより，有効落差が若干低下したものの，最大出力は1 000 kW から1 200 kW に増加している（**表 2.2-4**）．

表 2.2-4　西鬼怒川発電所の更新前後の諸元

項　目	更新前	更新後
最大出力（kW）	1 000	1 200
最大使用水量（m³/s）	12.22	同左
有効落差（m）	11.21	11.01
水車発電機台数（台）	2	1
水車形式	横軸フランシス	S型チューブラ
発電機形式	同期発電機	同期発電機

（出典：IEA 水力実施協定「ANNEX11 水力発電設備の更新と増強　成果報告書」[11]）

2節　リパワリングされる水力発電

《参考引用文献》

1) 東北電力リーフレット
2) 関西電力（株）プレスリリース資料「『蹴上発電所見学会』の開催について」2018年2月
   https：//kyodonewsprwire.jp/prwfile/release/M104727/201801290378/_prw_PR1fl_Xd0eY9X9.pdf
3) 国土交通省HP「一級河川における水力発電施設諸元一覧（平成22年3月31日現在）」
   http：//www.mlit.go.jp/river/toukei_chousa/kasen/jiten/suiryoku/
4) 一般社団法人 電力土木技術協会HP「水力発電所データベース」
   http：//www.jepoc.or.jp/hydro/
5) 全国小水力利用推進協議会HP「全国小水力発電データベース」
   http：//j-water.org/db_form/
6) 北海道電力HP「水力発電所の開発・出力向上」
   http://www.hepco.co.jp/energy/water_power/development_improvement.html
7) 北海道電力（株）プレスリリース資料「奥沙流発電所の概要について」2018年4月
   https：//wwwc.hepco.co.jp/hepcowwwsite/info/2018/__icsFiles/afieldfile/2018/04/17/180417.pdf
8) 中部電力（株）「既設水力発電所の発電電力量増加の取り組みについて」2017年7月28日
   https：//www.chuden.co.jp/corporate/publicity/pub_release/teirei/__icsFiles/afieldfile/2017/08/16/0728-2-2-2.pdf
9) 東京電力ホールディングス（株）プレスリリース資料「水力発電用ダムの運用高度化に向けた共同研究の開始について」
   http://www.tepco.co.jp/press/release/2017/1377001_8706.html
10) 関西電力（株）プレスリリース資料「水系一貫運用を実施している水力発電所におけるIoT技術を活用した発電運用効率化技術の研究開始について」2018年9月
   https://www.kepco.co.jp/corporate/pr/2018/pdf/0918_2j_01.pdf
11) IEA水力実施協定「ANNEX 11 水力発電設備の更新と増強　成果報告書」
   https://www.nef.or.jp/ieahydro/actresult.html

2章 水力発電の新たなかたち

コラム 水車の効率向上に関する要素技術

　水車の効率は，出力規模に応じて異なるものの 90 % 程度までが一般的であった。しかし，近年，この効率の向上を目指した技術開発が行われている。ここでは，その一例として，「高効率水車設計」と「可変速制御」にかかわる技術を取り上げる。

● 高効率水車設計

　高効率水車設計は，従来 90 % 程度であった水車効率の向上を目指したものである。この設計手法は，計画地点の運転範囲（落差・流量変動）を考慮した数値流体解析（CFD：Computational Fluid Dynamics）により最適な水車ランナ形状等の設計を実施するとともに，水車モデル試験の実施により水車の性能改善を行うものである。この設計手法によると，従来に比べ 1 ～ 5 % 程度の効率向上が期待できるとされている。

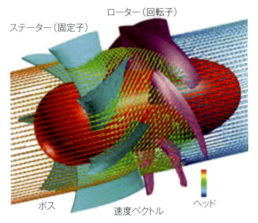

数値流体解析（CFD）の事例　（出典：川重テクノロジー（株）HP[1)]）

● 可変速制御

　可変速制御は，水車の回転速度を落差の変化に応じ変動させることにより，取水位が大きく変化した場合であっても水車効率の低下を防ぐ技術である。これは，従来の水車が発電中は常に一定速度で回転し，取水位が大きく変化した場合に，キャビテーションや振動が原因となり効率の低下が生じていた欠点を改善したものである。可変速化に関する技術の導入は，揚水発電システムで現在ま

で国内に10台以上の実績がある。一方で，水力発電システム（発電専用機）では，百数十年の歴史で，ほとんど可変速化がなされていない。これは，発電専用機では揚水発電に比べ経済的なメリットが出にくいことに起因しているといわれている。しかし今後は，変換装置の高性能化や小型化に伴い，可変速化技術が貯水位変動の大きいダム式発電の水車にも適用されていくと考えられている[2]。

《参考引用文献》

1）川重テクノロジー（株）HP
　　https：//www.kawaju.co.jp/rd/cae/report/cfd-analysis.html
2）楠 清志，藤田 崇，山口慎司「可変速揚水発電・水力発電システムを支える
　　パワーエレクトロニクス技術」東芝レビュー，第69巻第4号，2014年

2章 水力発電の新たなかたち

3節 環境と共生する水力発電

◆ 水力発電に対するイメージ

　水力発電，とりわけ大規模な水力発電施設は環境に対して大きな負荷をかけるものであると，多くの人々にイメージされているようである。水力発電開発の従事者を対象として実施されたアンケートにおいても，水力開発において地元の合意が得られにくい理由の上位に「河川景観への影響」「河川水の減少や水質の悪化」「生態系への影響」「ダム湖の水質汚濁や堆砂」などの「水力発電の環境負荷」が挙げられている（図 2.3-1）。

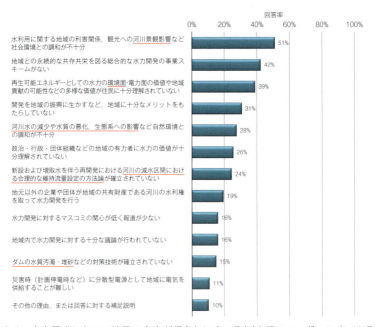

図 2.3-1　水力開発において地元の合意が得られにくい理由（上図のアンダーラインは環境負荷に関する事項）についての回答結果（水力発電開発にかかわる 212 名の回答結果）
（出典：研究代表者 井上素行「再生可能エネルギーとしての水力の価値の評価と開発推進方策に関する調査研究」（河川財団助成），2015 年[1]）

58

しかし，水力発電にかかわる技術は日進月歩の進化を遂げており，環境負荷の軽減にかかわる技術も例外ではない。ここでは，水力発電の中でも大規模ダムを設置するような比較的大きな水力発電を対象として，それらが有する環境負荷軽減策を紹介する。

◆水枯れ川をなくす

昭和30年代（1955〜1964年）の高度経済成長期には，大型ダムを伴う大規模な発電所が多数建設され，それ以降も全国において水路式やダム水路式の発電所の建設が順次進められていった。その際には経済優先の時代背景もあり，河川水の最大限取水による発電電力量の最大化が最優先とされた。その結果，取水地点から放水地点において河川をバイパスすることとなり，河川水が全く流れなくなってしまう無水区間や，従前に比べ河川流量が大きく減ってしまう減水区間が発生することとなった（**図2.3-2**）。河川は，魚類の生息に代表されるように多種多様な役割を担っており，無水・減水区間の発生は河川水利用の課題となった。

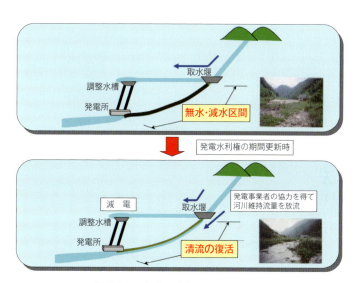

図2.3-2 無水・減水区間のイメージ
（出典：国土交通省河川局「発電ガイドラインについて」2003年7月18日[2]）

2章　水力発電の新たなかたち

　その後，昭和 40 年代（1965 〜 1974 年）には，松原・下筌ダムの再開発事業において河川維持用水確保を目的とした事業が先駆的に始められ，1988 年（昭和 63 年）には，河川維持流量の確保に関するガイドライン「発電水利権の期間更新時における河川維持流量の確保について」が通知された。これには，水力発電所が担うべき河川維持流量の目安として，集水面積 100 km^2 あたり 0.1 〜 0.3 m^3/s が示された（ただし，減水区間の延長が短いものなどは当該ガイドラインの適用範囲外になっている）。2016 年度末時点で，一級河川に設置されている発電所による減水区間の総延長約 10 206 km（ガイドライン適用範囲外の区間も含む）のうち，約 69 ％（約 7 014 km）の区間で維持流量が放流

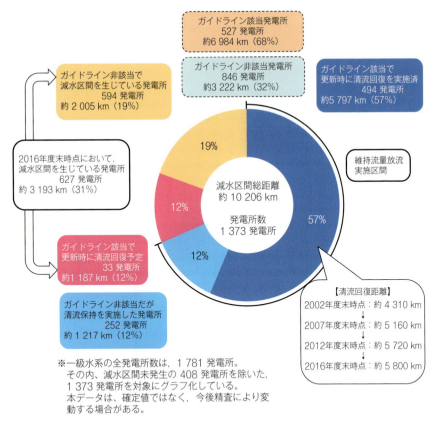

図 2.3-3　一級河川の減水区間における清流回復状況（2016 年度末時点）

（出典：国土交通省提供資料に一部加筆）

されており，残りの減水区間についても，今後迎える水利権更新時における放流開始が期待される（**図 2.3-3**）。

したがって，次のステップに向けては，上記ガイドラインに示される河川維持流量の効果検証を進め，河川環境にとって，また発電にとっても望ましい河川維持流量を探求し続けることが必要である。

◆ 魚の遡上に配慮する

河川水を発電に利用する場合，ダムや堰を設置し，取水することが必要となる。ダムのような大規模河川構造物は，従来の河川をせき止めるため，流水の連続性が阻害され，魚類の遡上が困難になる。アユやサケに代表される回遊魚が生息する河川では，産卵のための遡上が困難となり，生態系への影響が懸念される。

このため，ダムや堰の上下流に発生する水位落差を分割あるいは滑らかに接続することによって魚の遡上および降下を可能にする魚道が設置される場合がある（**図 2.3-4**，**2.3-5**）。

図 2.3-4　ダムに設置された魚道のイメージ図

2章　水力発電の新たなかたち

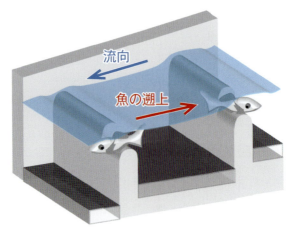

図 2.3-5　魚道のイメージ図（階段式魚道）

　魚道は古くから開発，利用されており，我が国初の魚道は1888年（明治21年）に鬼怒川に設置されたものといわれている。その後，各河川で魚道の設置が進み，近年では魚道に関する研究も多く行われており，魚道設計のための手引き，指針が数多く作成されている。魚道は対象とする魚の種類に応じて，必要な水路の幅，勾配，遡上に必要な流速が異なるため，階段式，アイスハーバー式，潜孔式，バーチカルスロット式等，さまざまな形式の魚道が開発，設置されている[3]。

　ダムに魚道を設置する際の問題として，ダムの高さが大きいため，延長が長くなることが挙げられる。高さ15 m以上のダムは日本全国で約3 000基存在するといわれているが，そのうち魚道が設置されているのは30基ほどであり，これらはいずれもダム高40 m程度までのダムである。また，ダムは水を貯留することで上流側の貯水位が変動することから，常に魚道への流れを確保する点も課題となる。魚道の入り口を水位変動に応じて上下させたり（**図 2.3-6**），出口の高さを調整できるゲートを設置したり，海外ではエレベータ式等の方法も考えられている。

　このように，ダムへの魚道設置は大規模で複雑な構造物となることから，設置に際しては，河川の魚類の生息状況のモニタリングや，魚道の遡上効果を確認するための実験を実施するなど，十分な検討が行われながら取り組まれている。

3節　環境と共生する水力発電

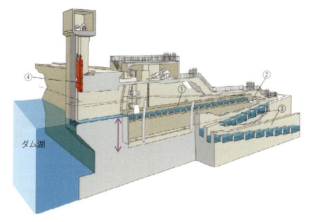

① 魚道ゲート（スイングシュート式ゲートL=59.4m）ダム湖の水位に合わせて上下します
② 魚道ゲートの回転中心軸
③ 魚道固定部
④ 制水ゲート：魚道ゲートの点検時や冬期に閉めます。

図2.3-6　二風谷ダム魚道（水位変動対応型）
（出典：財団法人 ダム水源地環境整備センターHP「ダム水源地ネット」「ワンポイント・ぜみなーる」[4]）

◆ 流入土砂を管理する

　貯水池内の堆砂進行に伴う問題は，発電等取水口の土砂埋没，上流河道の河床上昇（背砂）による洪水リスクの増大，貯水池の利水・治水容量の減少，下流河川への土砂供給の減少と河道部の砂利採取が複合的に影響した河床低下や海岸侵食などに分類される。こうした問題を解決するために，図2.3-7のような対策などが採られている。以降では，ダム建設に伴い生じる貯水池内堆砂進行に対する適応策について記述する。

● 土砂の流入を抑制する対策

　貯水池へ流入する土砂を，貯水池の末端部に設置された貯砂ダムにより捕捉し，それを掘削してダムの下流へ運搬・仮置きし，洪水時等に自然流出・流下させることを期待した土砂還元が全国の30以上のダムで実施されており，下流河道への土砂供給による環境改善効果も期待されている。

　代表的な例が，那賀川の長安口ダム（徳島県）であり，ダムから供給された砂礫が新たな砂州を形成し，ダムから放流される濁水が浄化されてきていると

63

2章 水力発電の新たなかたち

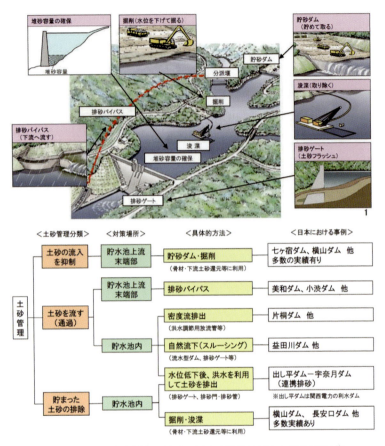

図 2.3-7　主な堆砂対策　（出典：国土交通省 HP「主な堆砂対策」[5]）

の報告がある。天竜川の事例では，砂礫による置き土が下流のアユの産卵床の造成に貢献している。

　また，貯水池容量が大きく大量の土砂流入があるダムを対象とした逆流排砂システムが考案されている。これは，貯水池の流入部に堆砂ポケットを設けて洪水時の流入土砂を一旦ここに貯留し，しかるべきときに貯水池水を用いたフラッシングによりバイパストンネルから下流河川に排出するものである[6]。

● 土砂を流す（通過させる）対策

　貯水池の上流端付近からダム下流まで貯水池を迂回させる水路を設け，流入

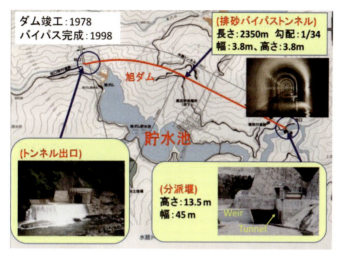

図 2.3-8　旭ダムの排砂バイパストンネル

してくる土砂をダム下流に直接放流する排砂バイパス，洪水時にゲートを開けて流速を増加させて流入土砂の通過を促す通砂（スルーシング），さらに，土砂を含む高濃度の流水を貯水池から放流する密度流排出がある。

　排砂バイパスは，奈良県の新宮川水系旭ダム（図 2.3-8），長野県の天竜川水系美和ダムや小渋ダムなどで採用されている。旭ダムでは，バイパス開通後はダム堆砂の進行速度が大幅に低減するとともに，ダム上流からバイパスを通じて下流に供給された砂礫により，ダム下流の河道がダム上流と見分けが付かないぐらいに変化し，多様な生物環境が復活している。

● 貯まった土砂を排除する対策

　機械力等により土砂を直接採取する方法と，排砂門・排砂路等により流水の掃流力によって土砂を排出するフラッシングがある。

　富山県の黒部川水系出し平ダム・宇奈月ダムの連携排砂は，フラッシングの世界的な代表事例の一つである。当初は排砂時の水質問題が発生したが，現在では夏期の自然出水を利用して土砂を流すことで，より安全な土砂排出が可能となり，現在では，土砂が海岸まで届いて海岸線の後退傾向が前進傾向に変化してきている。

2章　水力発電の新たなかたち

◆ 水質を管理する

　ダム貯水池は水を貯留する性質上，周囲から流入してきた栄養塩類（窒素やリン）が溜まりやすい状況にある。このため，ダム貯水池では植物プランクトンが大量発生し，プランクトンの死骸が湖内に堆積することで水質汚濁や悪臭等が発生する「富栄養化」現象（**図 2.3-9**）や，長期にわたって「濁水」が発生することによる生物環境の悪化等が問題となっていることが多い。

　将来にわたりダム・水力発電施設が果たす役割を維持していくために，これらの問題に対して対応が図られている。

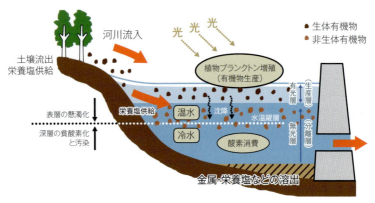

図 2.3-9　ダム湖の富栄養化現象のメカニズム

（出典：一般社団法人ダム工学会近畿・中部ワーキンググループ『ダムの科学—知られざる超巨大建造物の秘密に迫る』[7]）

● 富栄養化への対応[8]

① 曝気循環装置による水質浄化

　深層と表層の水を循環させ，植物プランクトンの死滅や成長を抑制させる。

写真 2.3-1　芦田川・八田原ダム

② 分画フェンス装置によるアオコの拡大防止
　発生したアオコ（藻類）がダム取水塔に達しないよう，フェンスで防護する。

写真 2.3-2　青蓮寺川・青蓮寺ダム

● 濁水長期化への対応[8]
① 濁水発生源となる上流部での森林整備
　洪水等によって貯水池内に大量の濁水が流入しないように，森林整備により土砂流入を抑制させる。

写真 2.3-3　吉野川・早明浦ダム

② バイパストンネルによる土砂の流入防止
　上流河道から大量の土砂が流入する場合，ダム下流へ土砂を迂回させるトンネルを設置し，濁水の抑制，堆砂の軽減を図る。

2章　水力発電の新たなかたち

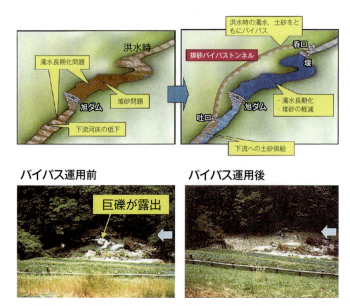

図2.3-10　旭ダム排砂バイパス下流地点の運用前後の河床の変化

③　選択取水設備による濁水長期化の防止

　濁度の高い水や温度の低い水を取水しないように，貯水池の状況により取水位置を変更し，下流への影響を軽減する．取水部の構造としては，多段式ゲート構造やサイフォン構造等がみられる．

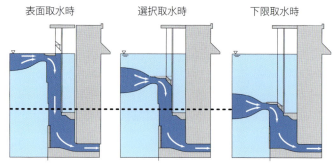

図2.3-11　選択取水設備（一ツ瀬川・一ツ瀬ダム，筑後川・松原ダムなど）

3節 環境と共生する水力発電

《参考引用文献》

1) 研究代表者 井上素行「再生可能エネルギーとしての水力の価値の評価と開発推進方策に関する調査研究」(河川財団助成), 2015年

2) 国土交通省河川局「発電ガイドラインについて」2003年7月18日
http：//www.mlit.go.jp/river/shinngikai_blog/shaseishin/kasenbunkakai/shouiinkai/kihonhoushin/030718/pdf/s5-1.pdf

3) 鬼束幸樹「魚道の流れ特性と魚の遡上特性との関係」ながれ31(日本流体力学会誌), pp.19-28, 2012年

4) 財団法人 ダム水源地環境整備センターHP「ダム水源地ネット」
「ワンポイント・ぜみなーる」「ダムの魚道」
http：//www.dam-net.jp/backnumber/022/contents/onepoint.html

5) 国土交通省HP「主な堆砂対策」
http：//www.mlit.go.jp/river/dam/taisa/taisa3.pdf

6) 井上素行「流砂系問題に貢献する新たなダム排砂技術－逆流排砂システムの可能性と課題－」電力土木, 第364号, pp.3-8, 2013年

7) 一般社団法人ダム工学会近畿・中部ワーキンググループ『ダムの科学―知られざる超巨大建造物の秘密に迫る』サイエンス・アイ新書, 2012年11月

8) 一般社団法人日本大ダム会議「ダム・水力発電の果たす役割」2010年4月

69

コラム 維持管理へのロボットの活用

　水力発電施設の機能を長期的に維持するとともに，トータルとしての維持管理費用の低減を図るためには，適切な維持管理を行っていくことが重要である。

　しかし現在，熟練技術者が減少していることもあり，水中部などの人がアプローチして調査する箇所での安全性や確実な維持管理を行っていくうえでの体制構築に課題が生じている。また，維持管理コストの増加についても課題とされている。

　このような背景を踏まえると，水力発電施設の維持管理についてさまざまな分野との連携を図り，IoTをはじめとする新技術の開発・活用を行っていくことが重要であり，中でも近年インフラ点検への参入が目覚ましいロボット技術に期待が集まっている。

　最近では，取水ダム上流面や放流設備の水中点検にロボットが活用され，人間による作業では大規模な減圧施設が必要となる水深30mを超えるような水中環境であっても，十分に点検が可能であることが実証されてきている。

写真（上）：アクアジャスターによる姿勢制御した水中構造物の健全性評価（大林組）
写真（左）：画像鮮明化技術に用いたダム維持管理ロボットシステム（パナソニック）

水中維持管理ロボット
（出典：国土交通省　次世代社会インフラ用ロボット開発・導入検討会資料）

《参考引用文献》
1) 角 哲也「次世代社会インフラ用ロボット開発・導入の推進 - 水中維持管理部会における現場検証の紹介」ロボット学会誌，2016年

4節 洪水を防ぐ水力発電ダム

◆ ダムの分類と貯水池の状態

ダムが作り出す貯水池は，無秩序に利用されるものではなく，ダムが造られる時点で明確に目的が決められている。そして通常は，当初定められた目的に沿った利用が行われている。

貯水池の利用目的は**図2.4-1**に示すように大きく3つに分けることができ，この利用目的に沿ってダムも分類することができる。

治水ダムは，その名のとおり，貯水池に洪水を貯めて下流の洪水を防ぐことを目的としている。利水ダムは，貯水池に貯めた水を水力発電，水道やかんがいなどに利用することを目的としている。多目的ダムは，上記2つの目的を併せ持つダムである。

＊水力発電のみ，水道のみ，かんがいのみといった場合もある。

図2.4-1 ダムの分類

ここで，各ダムの通常時における貯水池の状態は，**図2.4-2**のとおりとなっており，治水ダムでは，洪水を貯めるための容量を空けて待っている。一方，利水ダムでは，容量一杯に水を貯めて，フル活用している，あるいはフル活用できるようにしている。多目的ダムは，上記それぞれの状態を併せ持っている。

2章 水力発電の新たなかたち

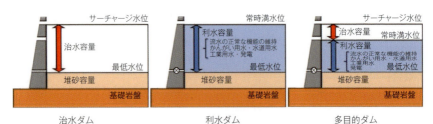

図 2.4-2　ダム貯水池の状態

◆ 発電ダムの操作

　発電専用ダムは，前述のダムの分類のうち「利水ダム」に分類され，治水機能（治水容量）を有しておらず，より多くの発電が可能となるよう常に水位を高く維持する運用が行われている。

　しかし，規模の大きな発電ダムでは，上記の運用を基本としつつも，ダム設置によって従前より洪水の到達時間が早くなることを防ぐため，洪水時にダムへの流入量を一定時間遅らせて放流する「遅らせ操作」が実施されている（**図 2.4-3**）。

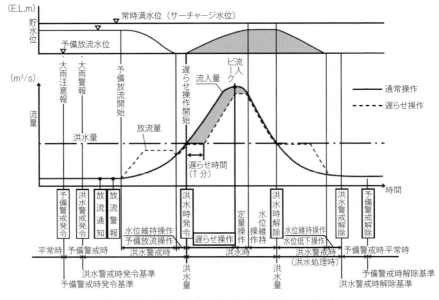

図 2.4-3　利水ダム（発電ダム）における遅らせ操作

4 節　洪水を防ぐ水力発電ダム

この遅らせ操作を実施するためには，常時の貯水位より低い箇所に予備放流水位を設け，洪水の発生が予測される場合には，事前にこの水位まで貯水位を低下させることが必要となる。

このような運用がとられることで，本来，治水機能を有していない発電ダムであっても，従前の河道が有していた洪水貯留機能を回復させ，下流に対して少なからず流量低減効果が発揮されているのである。

以降では，発電専用ダムの容量のさらなる活用によって，下流に対する治水協力が行われている取り組みをみていくこととする。

◆ 発電専用ダムの治水活用事例[1]

新宮川水系の本流である熊野川の流域では，2011年（平成23年）9月台風12号により甚大な被害が発生した。新宮川水系は，奈良県，和歌山県，三重県にまたがる一級水系であり，流域内に11基のダムが設置されているが，これらは全て治水容量を持たない利水専用ダムであった。このような背景から，下流住民や自治体より発電専用ダムの治水協力についての強い要望が出され，電源開発（株）の管理する池原ダム，風屋ダムにおいて洪水時の放流量を低減させる運用（発電専用ダムの治水協力）についての検討が行われた。

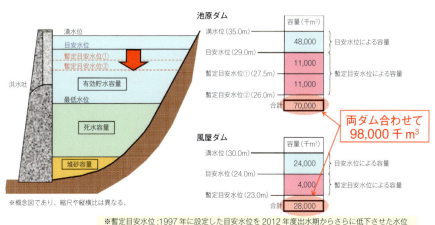

図 2.4-4　池原ダム・風屋ダムにおける治水協力運用
（出典：電源開発（株）「ダム運用および情報伝達の改善について」2018年6月[1]）

2章　水力発電の新たなかたち

　この結果，池原ダム，風屋ダムでは，遅らせ操作の実施に必要な予備放流水位をさらに低下させた「目安水位」が設けられ，洪水時において発電容量内に空き容量（2ダム合わせて9 800万m³）を確保し，これに洪水を貯留することでダム下流の洪水被害軽減を目指すこととなった（**図2.4-4**）。

　水位低下の暫定運用が2012年度（平成24年度）に開始されて以降，2012年（平成24年）6月台風4号や2017年（平成29年）8月台風5号など，複数の出水において下流の流量低減を図ることに成功している。現在も，実際の運用結果を検証し，各ダムの運用方法の改善が進められている。

◆ 氾濫危険時における揚水発電ダムの活用 [2]

　揚水発電ダムは，通常の利水ダムとは若干異なる貯水池運用が行われる。通常の利水ダム（ここでは，揚水発電以外の水力発電ダムと考える）では，貯水池容量一杯に水を貯めて，水位をできるだけ高く保ちながらの運用が行われる。これに対し，揚水発電ダムは，上池と下池のセットで構成され，上池・下池間で発電用水のやり取りが行われる（p.25　**図1.3-3**）。このため，上池と下池の容量を合わせると，発電容量の2倍の容量が必要となり，発電容量と同等の空き容量が常に存在することとなる。

　2006年（平成18年）7月の豪雨により長野県内の信濃川水系犀川で氾濫のおそれが生じた際，上流で治水機能を持つダムは国土交通省の大町ダム（多目的ダム）のみであったが，発電専用ダムの空き容量を利用して治水ダムと連携した洪水調節運用により下流危険箇所での氾濫を防いだ事例がある。

　東京電力は，長野県内の信濃川水系に高瀬ダム，七倉ダム，奈川渡ダム，水殿ダム，稲核ダムの計5基の発電専用ダムを保有している（**図2.4-5**）。高瀬，七倉の2ダムは，信濃川水系高瀬川に設置され，両ダム間で揚水発電が行われている。また，奈川渡，水殿，稲核の3ダムは，同水系梓川に設置され，3ダム間で同じく揚水発電が行われている。本来，これらのダムには洪水調節操作は義務づけられていないが，国土交通省からの要請を受けた東京電力は，大町ダムと連携して混合揚水式発電所の5ダムの空き容量を利用した特例的な洪水調節運用を行い，犀川での氾濫を防いだ。

　これは，近年，異常出水に対するダムの治水機能への期待が高まるなか，発電

74

4節 洪水を防ぐ水力発電ダム

図 2.4-5　ダム（■）および水位観測所（●）位置図

（出典：国土交通省北陸地方整備局 大町ダム管理所，東京電力（株）松本電力所「大町ダム，高瀬ダム，七倉ダム，奈川渡ダム，水殿ダム，稲核ダム 平成18年7月豪雨時の直轄ダムと利水5ダムによる下流水位上昇の抑制」水源地環境センターダム・堰危機管理業務顕彰，2008年度[2]）

用ダムでも運用によって治水効果を発揮することができるという好事例である。

　今後は水資源の有効活用の観点から，本事例とは逆に，治水容量を水力発電に高度に活用するなど，ダムの持つ貯水容量を総合的に活用することについても一考の余地があろう。

《参考引用文献》

1) 電源開発（株）「ダム運用および情報伝達の改善について」2018年6月
   http://www.jpower.co.jp/oshirase/pdf/oshirase180629-2.pdf
2) 国土交通省北陸地方整備局 大町ダム管理所，東京電力（株）松本電力所「大町ダム，高瀬ダム，七倉ダム，奈川渡ダム，水殿ダム，稲核ダム 平成18年7月豪雨時の直轄ダムと利水5ダムによる下流水位上昇の抑制」水源地環境センターダム・堰危機管理業務顕彰，2008年度

2章 水力発電の新たなかたち

あらためて注目を浴びる小規模な水力発電

◆ 水力発電のスケール[1]

　日本で一番出力の大きな水力発電所は，奥只見発電所（福島県南会津郡，最大出力56万kW）である。因みに日本で一番出力の大きな発電所は，鹿島火力発電所（茨城県神栖市，最大出力565万kW）である。一方，日本では，1kWを下回るような小さな水力発電所が各地域で散見されるなど，水力発電の規模には大小さまざまなものがある。我が国には水力発電の規模についてさまざまな分類があるが，ここでは，電気事業者による再生可能エネルギー電気の調達に関する特別措置法（FIT法）などの考え方に基づき，最大出力30 000 kW以上を大規模水力発電，同30 000 kW未満を中小水力発電として分類することとする。
　ここで，水力発電全体に対する大規模水力発電（30 000 kW以上）と地域密着型の既存施設の有効活用などの観点から1 000 kW未満の小水力発電の地点数・合計出力の割合をみると，前者の地点数の割合が約9 %（= 182/1988），合計出力の割合が約57 %（= 12 703 MW/22 419 MW）に対し，後者の地点数の割合が約

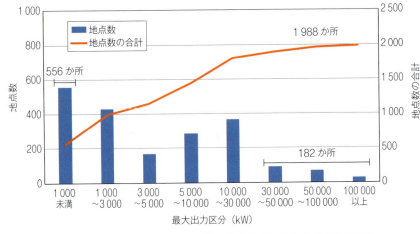

図 2.5-1　水力発電の出力区分ごとの地点数（2017年3月31日現在）

28 %（= 556/1988），合計出力の割合が約 1 %（= 231 MW/22 419 MW）となっている（図 2.5-1 〜 2.5-2）。

　小水力発電は，大規模水力発電に比べると，発電のスケールメリットは小さいが，上記のように，設置地点数が多く各地域でエネルギーの地産地消に一役買っている。以降では，この小水力発電に焦点をあてて，その特徴をみていく。

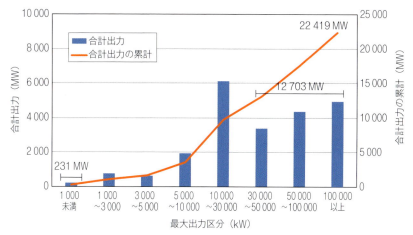

図 2.5-2　水力発電の出力区分ごとの出力（2017 年 3 月 31 日現在）

◆ 小水力発電の設置場所[2]

　小水力発電は，流量，落差ともに小さな規模でも行うことができる。このため，以下に示すように，さまざまな場所が小水力発電のサイトとして考えられる。

● 山間部の急流河川

　落差が得られる山間部を中心に設置が期待できる。ただし，山間部の急流河川では土石流等の自然災害による設備損壊の危険性，環境・景観等への配慮が必要である。

　実施例：新曽木発電所（鹿児島県伊佐市，事業者：新曽木水力発電（株））

2章 水力発電の新たなかたち

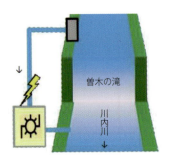

図 2.5-3 新曽木発電所

● 既設ダム（河川維持放流水利用）

　ダム下流の河川環境維持を目的とする放流水を利用した発電である。発電した電気はダム管理用設備の電源として利用されたり，電力会社に売電されたりする。

　実施例：高野発電所（広島県庄原市高野町，事業者：中国電力（株））

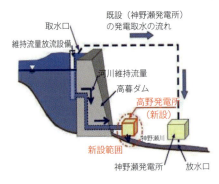

図 2.5-4 高野発電所

● 砂防堰堤

　既設の砂防堰堤を利用した水力発電の設置が期待できる。既設の構造物を利用することにより，工事の簡略化，コスト低減を図ることができる。また，大きな水量と落差が取れた場合，発電ポテンシャルの大きさにも期待できる。

　実施例：鯛生水力発電所（大分県日田市，事業者：日田市）

5節 あらためて注目を浴びる小規模な水力発電

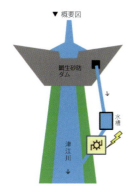

図2.5-5　鯛生水力発電所

● 農業用水路

　農業用水路は，土石流等の危険性も少なく，設置しやすい場所が多いと考えられる。また，最近は農業用水路への活用を目指した超低落差の水力発電装置の開発や実証試験の試みも盛んに行われている。

　実施例：百村第一・第二発電所（栃木県那須塩原市，事業者：那須塩原市土地改良区連合）

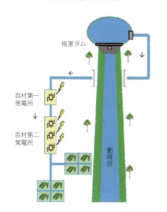

図2.5-6　百村第一・第二発電所

● 上水道施設

　上水道の取水地点から上水道施設までの落差を活用した発電である。具体的には，ダム（ダム直下の量水池）から浄水場までの間の落差や浄水場からポンプ場までの水位差を利用した小水力発電がある。

2章 水力発電の新たなかたち

実施例：平田浄水場小水力発電所（山形県酒田市，事業者：山形県）

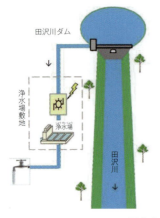

図 2.5-7　平田浄水場小水力発電所

● 発電所跡

　明治〜大正にかけて，全国各地に小規模の水力発電施設（取水堰，水路などの施設）が存在していた。その後，電力会社の統廃合が進んだことなどにより，それらの施設は使用されなくなり，廃止されていった。

　しかし，それらの施設は，手を加えることで，再活用（＝施設の復活）が可能である。地域に存在するこれらの眠れる水力発電資産を発掘・再活用することで，確実な（あるいはリスクの小さな）水力発電施設の運営と利潤の確保が可能となる。

　実施例：つくばね発電所（奈良県東吉野村，事業者：東吉野水力発電所）

写真 2.5-1　つくばね発電所（大正時代に造られた古い小水力発電所が54年ぶりに復活した事例）
（出典：自然エネルギー財団HP「小水力発電が村民の力で54年ぶりに復活」[3]）

80

5節　あらためて注目を浴びる小規模な水力発電

◆ 小水力発電の歴史

1 000 kW 未満の小水力発電施設（以下，小水力発電と記載）の出力および施設数の推移から，小水力発電の盛衰をみてみることとする。

図 2.5-8 には，各年における小水力発電の新規設置に伴う最大出力増分を示すが，1910 年（明治 43 年）ごろ～1930 年（昭和 5 年）ごろに第一の波を，その後に低迷期を迎えるが，1980 年（昭和 55 年）ごろ～現在までに第二の波を読み取ることができる。また，図 2.5-9 には，各年における小水力発電の新規施設数を，図 2.5-10 ～ 2.5-12 には，管理者別にみた各年における小水力発電の新規施設数を示す。

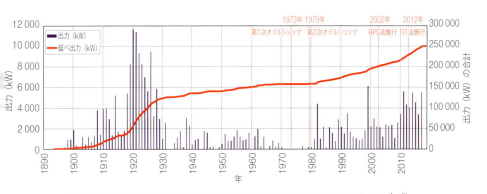

図 2.5-8　各年における小水力発電施設の新規設置に伴う最大出力増分 [4～6]

図 2.5-9　各年における小水力発電の新規施設数 [4～6]

2 章　水力発電の新たなかたち

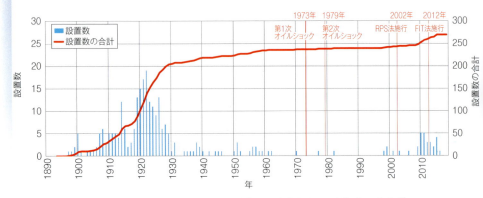

図 2.5-10　各年における電力会社管理の小水力発電の新規施設数 [4～6)]

図 2.5-11　各年における国・地方自治体管理の小水力発電の新規施設数 [4～6)]

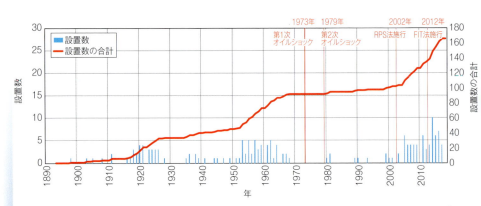

図 2.5-12　各年における電力会社および国・地方自治体管理以外の小水力発電の新規施設数 [4～6)]

5節 あらためて注目を浴びる小規模な水力発電

これによると，小水力発電の第一の波は電力会社が新規設置したものが主体であり（**図2.5-10**），我が国が殖産興業政策を推進した時代（ただし，最大出力1 000 kWを超えるような施設の設置が困難であった時代）に運転開始した施設によるものである。第二の波は国・地方自治体が新規設置したものが主体であり（**図2.5-11**），これに加え電力会社や自治体以外の企業・団体が新規設置したものも含まれ（**図2.5-12**），二度にわたるオイルショックを受けて設置されたもの，近年のRPS法やFIT法を受けて設置された施設によるものである。

つまり，小水力発電は，明治後期・大正・昭和前期に電力会社が主体となって設置したものと，昭和後期以降にさまざまな主体が設置したものとに大きく分けられそうである。以降では，特に後者にスポットを当てて，その役割をみていくことにする。

◆ 小水力発電の役割 [7]

小水力発電の導入メリットとして，自家消費により負担する電気料金が下がる，二酸化炭素を削減することによって地球温暖化対策に貢献する，地域の雇用創出につながる等が考えられる。また，最近では再生可能エネルギーの固定価格買取制度（FIT）を活用した売電により収入を得るという考え方も出てきている。地域が一体となって水力発電の事業に乗り出すことで，さまざまな付加価値が生み出され，地域の活性化につながることも期待できる。これらのほか，小水力発電によって得られた電力は，次のような地産地消利用が考えられる。

① 道路の照明等に利用する。
② 公民館，集会所，観光施設等の電力として利用する。
③ 電気柵やビニールハウス等，農業用電源として利用する。
④ 小学校や中学校の電力として利用する。
⑤ 災害時の非常用電源として利用する。
⑥ 一般家庭で利用する。
⑦ EV充電用電源として利用する。

小水力発電は，地域に多くのメリットをもたらす可能性を有しており，また比較的取り組みやすいものである一方で，以下のような課題もある。

① 流量資料の収集が必要である。
② 維持管理を行う必要がある。

2章　水力発電の新たなかたち

ゴミや落ち葉，土砂などが流入して停止しないように，定期的に清掃やメンテナンスを行う必要がある。また，継続的に使用するためには，定期的な機器の部品交換やオーバーホール（分解点検修理）を行う必要がある。

③　法的手続きが煩雑である。

小水力発電の導入には，河川法による水利使用等の許可申請や電気事業法による工事計画の届出等，いくつかの申請や手続きが必要となる（最近では再生可能エネルギー導入促進のため，これらの手続きは簡素化されている）。

◆ 小水力発電の実際（地域に貢献する発電事例）

図 2.5-13 に小水力発電事業の主要なステークホルダーと事業主体との一般的な関連性を示す。小水力発電事業には，地域関係者をはじめ，金融・保険業

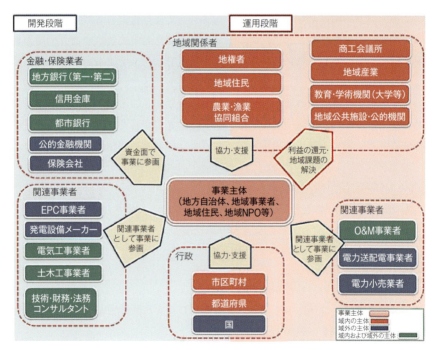

図 2.5-13　小水力発電事業のステークホルダーと事業主体との関連性
（出典：環境省 HP「地球環境・国際環境協力 報告書」[8]）

5節 あらためて注目を浴びる小規模な水力発電

者，建設段階における関連事業者（設計・調達・建設業者（EPC 業者），コンサルティング業者など），運用段階における関連事業者（運用と保守を行う業者（O&M 業者），行政（地方自治体，国）など）がステークホルダーとして存在する。

　小水力発電事業の開発・運用には，各主体による「資金面」「関連事業」等での参画が必要であり，ここに経済活動が発生する。この際，主体が地域事業者であれば，地域に経済的便益が生まれることとなる。また，円滑な事業の開発・運用のためには，継続的に地域関係者の協力・支援を得ることが重要であり，運用段階においては「事業の利益を何らかの形で地域に還元」することで，地域に経済的便益が生まれることとなる。また，小水力発電事業が地域の状況に応じた課題解決（エネルギーセキュリティーの向上や公共サービスの拡充，地域産業・商業振興，地域環境の改善など）につながることも想定される[8]。

■ **落合平石小水力発電所の事例**[8]

　落合平石小水力発電所の概要と事業スキームを，**表 2.5-1**，**図 2.5-14** に示す。本発電所は岐阜県中津川市内の落合平石地区で大正時代に造られた歴史ある農業用水路の未利用落差に着目し，水路の一部を発電用導水路として活用するものである。

　本発電事業は域外事業者である建設会社とコンサルタント会社の共同出資による案件である。一方で維持管理については，地域の土地水路管理組合に委託されるほか，発電事業の実施に合わせて，既存の農業導水路の劣化箇所や取水設備の改修・更新を実施することで，地域への還元効果を生み出している。また，中津川市は小水力発電事業をベースとした環境調和型のまちづくりを推進しており，本事業においても事業者と地元地区の調整等の支援を行っている。

2章 水力発電の新たなかたち

表 2.5-1 落合平石小水力発電所の概要

項　目	概　要
プラント名	落合平石小水力発電所（岐阜県中津川市）
事業所名	飛島建設・オリエンタルコンサルタンツ特定事業共同企業体 （出資率 50 %：50 %）
所在地	岐阜県中津川市落合字平石
発電出力	126 kW（横軸クロスフロー水車）
運転開始年月	2016 年（平成 28 年）4 月
外観等	導水路（左：改修前，右：改修後） 取水設備（左：改修前，右：改修後）

（出典：飛島建設プレスリリース資料，2015 年 6 月[9]）

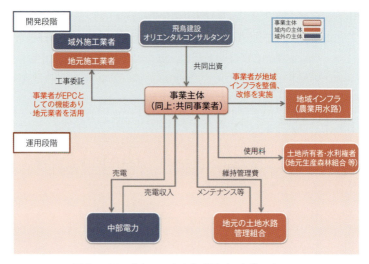

図 2.5-14　落合平石小水力発電所の事業スキーム
（出典：環境省 HP「地球環境・国際環境協力 報告書」[8]）

5節　あらためて注目を浴びる小規模な水力発電

■ 若彦トンネル湧水発電所の事例

　水力発電に使用する流水は，雨として上空より供給される。雨水は，河川・湖沼等に流入し地表面上で移動・滞留する"表流水"と呼ばれる水と，地面に浸透して地下水として移動していく"伏流水"と呼ばれる水に分かれる。

　一般に，水力発電では河川水等の表流水が使用される。河川水には，水利使用に加えて動植物の保護・流水の清浄・舟運・景観など多くの役割がある。したがって，河川水を使用する際には，これらへの影響に配慮が必要となり，河川法第23条の"流水の占用の許可"いわゆる水利権の取得が必要となる。この手続きが発電事業推進の課題となるケースもある。

　これに対して，地下水等の伏流水は河川水ではないことから，河川法第23条の適用を受けない。以下で紹介する事例は，この伏流水を活用した新たな水力発電である。

　若彦トンネルは，山梨県内の甲府盆地と富士五湖地域を結ぶ県道719号富士河口湖芦川線に設置された道路トンネルである。トンネル工事に伴いトンネル内より顕著な湧水が確認されたため，その利用方法について検討を行い，我が国初となる試みとして水道用水および水力発電として活用した（図2.5-15）。

　発電方式は，水路式であり，トンネル出口付近に取水設備（取水槽）を設け，県道下に埋設した約760m水圧管路により約60mの落差を確保し，発電を行う仕様である。最大出力は80kW，発電電力量は年間51万kWhであり，

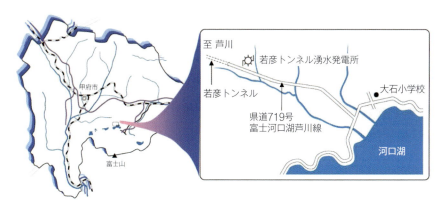

図2.5-15　発電所位置図
（出典：山梨県HP「山梨県営　若彦トンネル湧水発電所」[10]に一部加筆）

2章 水力発電の新たなかたち

一般家庭140戸分の消費電力量相当の発電が可能である（**表 2.5-2**）。関係手続きが電気事業法の届出と電力会社との売電交渉に限定できることから、速やかな工事着工が可能となり、発電計画立案から約2年で竣工することができた。（**写真 2.5-2**）

表 2.5-2 若彦トンネル湧水発電所の概要

運用開始	2010年（平成22年）4月1日
所在地	山梨県南都留郡富士河口湖町
最大出力	80 kW
最大使用水量	0.21 m^3/s
発電電力量	51万 kWh/年
形式	フランシス水車
発電機	誘導発電機

写真 2.5-2 発電所の様子
（左：トンネル湧水状況、右：発電設備[11]）

本事例であるトンネル湧水を活用することによる、長所は次のとおりである。
◎ 地下水に起因する湧水を使用するため、河川法第23条の適用を受けず、水利権の取得を必要としない。
◎ 年間を通じて流況が安定しており、設備利用率が高い。
◎ 県道用地内での発電施設の設置および工事であり、新たな用地取得や工事関係調整・説明を必要としない。

我が国は、国土の大半を急峻な地形が占める山岳国であり、道路トンネルを

5 節　あらためて注目を浴びる小規模な水力発電

はじめとする多数のトンネルが設置されている。新規のトンネルに限らず，湧水の顕著な既設トンネルにおける湧水発電の可能性を考えていくことは，国土資源の有効活用の観点から有益と考えられる。

《参考引用文献》

1) 資源エネルギー庁 HP「水力発電について」
http：//www.enecho.meti.go.jp/category/electricity_and_gas/electric/hydroelectric/database/energy_japan006/

2) 国土交通省水管理・国土保全局「小水力発電設置のための手引き」2016 年 3 月

3) 自然エネルギー財団 HP「小水力発電が村民の力で 54 年ぶりに復活」2018 年 6 月 21 日
https://www.renewable-ei.org/activities/column/20180621.html

4) 国土交通省 HP「一級河川における水力発電施設諸元一覧（平成 22 年 3 月 31 日現在）」
http：//www.mlit.go.jp/river/toukei_chousa/kasen/jiten/suiryoku/

5) 一般社団法人電力土木技術協会 HP「水力発電所データベース」
http：//www.jepoc.or.jp/hydro/

6) 全国小水力利用推進協議会 HP「小水力発電データベース」
http：//j-water.org/db_form/ より作成）

7) 高知県「小水力発電パンフレット―みんなで考えよう，エネルギーのこと」
http：//www.pref.kochi.lg.jp/soshiki/610301/files/2013050100390/2013050100390_www_pref_kochi_lg_jp_uploaded_life_86566_298888_misc.pdf

8) 環境省 HP「地球環境・国際環境協力 報告書」
https：//www.env.go.jp/earth/report/h29-02/h27_chapt03.pdf

9) 飛鳥建設プレスリリース資料，2015 年 6 月
https：//www.tobishima.co.jp/news/news150612.html

10) 山梨県 HP「山梨県営　若彦トンネル湧水発電所」
https：//www.pref.yamanashi.jp/energy-seisaku/documents/wakahiko-tunnel-pamphlet-2013.pdf

11) 山梨県 HP「発電所紹介（写真）」
https://www.pref.yamanashi.jp/kg-denki/167_008.html

2章 水力発電の新たなかたち

コラム　維持流量放流で発電すると

　ダム管理者は，国・地方自治体や民間企業などさまざまである。ダム管理者が民間企業（電力会社など）である場合には，水力発電を目的にしている場合がほとんどであるが，国・地方自治体が管理者である場合には，洪水被害軽減のための治水などを目的とし，水力発電を目的にしていないケースも多い。

　実際に，国土交通省所管の管理ダム 545 基を対象に発電参画状況をみてみると，545 基中 282 基（約 52 ％）のダムでは，発電が行われておらず，これらのダムは，相対的にダム高が低い（＝落差が小さい），流域面積が小さい（＝流量が小さい）という特徴を有している。

　発電が行われていないダムであっても，ダムから河川維持流量を常に放流する必要がある。この流水のエネルギーを活用して発電を行うことができれば未利用エネルギーの有効活用につながるが，現状では，河川維持流量が発電に活用されることなくダムから放流されている場合も少なくない。

　そこで，国土交通省所管の管理ダム 545 基のうち，「発電が行われているが河川維持流量が発電に使用されていないダム（一般水力発電のみ）」174 基と「発電が行われていないダム（発電参画なし）」282 基を対象として，各ダムで現在無効放流されている河川維持流量を有効活用して発電に使用した場合の増電量を試算した。

　この結果，河川維持流量の有効活用による増電量は，「発電が行われているが河川維持流量が発電に使用されていないダム」では約 11.7 億 kWh/ 年，「発電が行われていないダム」では約 1.0 億 kWh/ 年，となり，合計すると約 35 万世帯の電力量に相当する約 12.7 億 kWh/ 年の増電効果が得られることがわかった。この増電量分は，仮に 25 円 /kWh で FIT 制度による買取が行われるとすれば，年間約 300 億円以上の電力量に相当するとともに，ほかの再生可能エネルギーや火力発電などの代替になれば，CO_2 や SO_2，NO_2 の排出量削減にも寄与するものである。

5節 あらためて注目を浴びる小規模な水力発電

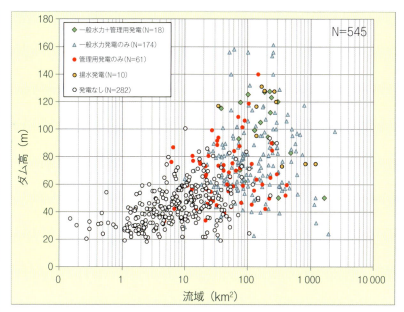

国土交通省所管ダムの発電参画状況とダム高・流域面積の関係

国土交通省所管ダムの発電参画状況（2015年時点）

発電参画状況	管轄区分ごとのダム数 国土交通省・水資源機構	都道府県	合　計
一般水力発電および管理用水力発電	16	2	18
一般水力発電のみ	67	107	174
管理用水力発電のみ	22	39	61
揚水発電	8	2	10
発電参画なし	10	272	282
合　計	123	422	545

2章　水力発電の新たなかたち

コラム　洞窟で発電する

　インドネシアのジョグジャカルタ市南東は，カルスト地形をなす地域である。この地方では，飲料水とかんがい用水を供給するために，地下河川の水が地表へと汲み上げられて利用されている。

　従来，地下水の汲み上げには，ディーゼル発電による電力が用いられていたが，維持管理や環境配慮の点が課題となっていた。そこで，Bribin 洞窟では，汲み上げに地下 100 m の洞窟内に設置したダムにより発電した電力を用いる試みを開始した。洞窟内に流れる地下河川水とその落差により生まれる電力を，河川水それ自体の汲み上げに使用するというユニークなアイディアである。

　このような装置がすぐさま我が国に適用できるとは限らないが，既成概念にとらわれない新しい試みの面白さを示した事例である。

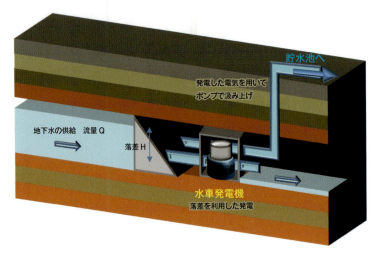

地下河川へのダム配置の模式図

3章
水力発電の未来に向けて

帝釈川ダム(左:ダム再生実施前, 右:ダム再生実施後)
(提供:中部電力(株))

3章 水力発電の未来に向けて

1節 既存ダムを賢く使って発電力増強

◆ ダムの有効活用による水力発電の価値向上

洪水調節容量と利水容量を併せ持つ多目的ダムでは，平常時は洪水時に流入する流量を貯留できるように貯水池容量を空けて待機するため，貯水位を高くすることができない。一方，利水の観点では平常時に極力水を貯めこみ貯水位を高く維持したい。特にダム式の発電では，貯水位が高いほど有効落差が大きくなり，発電力を大きくできる。

このように，多目的ダムでは，平常時の貯水位運用は二つの目的にとってトレードオフの関係になっている。しかし，既存の多目的ダムの容量を賢く使えば，洪水調節の機能を損なわず，平常時の貯水位を高く設定して発電力増強につながる可能性がある（図3.1-1）。

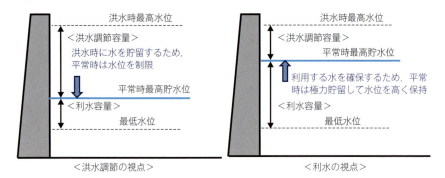

図3.1-1　各視点からの平常時最高水位の考え方

◆ 貯水池の運用方法変更による発電力増強方策

我が国には春夏秋冬といわれるように四季がはっきりしており，春から夏の境目では梅雨，夏から秋への境目では秋雨と雨の多い時期がある。また，台風によっても雨が降るが，表3.1-1に示すように，接近・上陸する時期が6月から10月に限定される。このように，大雨が発生する時期は，ある程度限られる。

表 3.1-1 台風の平均値（1981年～2010年の30年平均）

	1月	2月	3月	4月	5月	6月	7月	8月	9月	10月	11月	12月	年間
発生数	0.3	0.1	0.3	0.6	1.1	1.7	3.6	5.9	4.8	3.6	2.3	1.2	25.6
接近数*				0.2	0.6	0.8	2.1	3.4	2.9	1.5	0.6	0.1	11.4
上陸数**					0.0	0.2	0.5	0.9	0.8	0.2	0.0		

＊台風の中心が国内いずれかの気象官署から300 km以内に入った場合
＊＊台風の中心が北海道，本州，四国，九州の海岸線に達した場合

（出典：気象庁HP「台風の統計資料」[1]）

洪水調節容量と利水容量を併せ持つ多目的ダムでは，限られたダムの容量を効率的に活用する観点から，図3.1-2に示すように大雨が発生しやすい時期（洪水期）には洪水を貯め込むポケットを大きくする，雨の少ない時期は発電や水道などに活用できる容量を大きくするなど，季節に応じて容量を変化させるダムが多い。

国土交通省が管理するダムおよび都道府県が管理するダムで，洪水貯留準備水位～平常時最高貯水位までの容量（ここでは，発電に活用されていない容量という意味で「発電未活用容量」と呼ぶことにする）を地域別に調査した結果を図3.1-3に示す。この発電未活用容量約27億m³は，日本の全ダムの容量

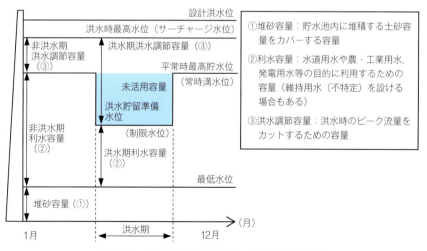

図 3.1-2 貯水容量の配分イメージ（制限水位方式）

3章 水力発電の未来に向けて

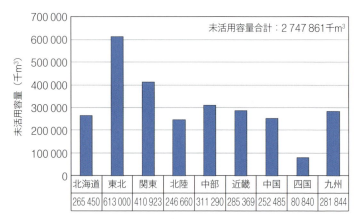

図 3.1-3 制限水位方式ダムの発電未活用容量（地域別）

204億 m³ の 13 % に相当する。洪水期中の水位を数 m 上昇させ，この容量を活用できれば増電につながる可能性があることから，このような運用（制限水位方式）を行っているダムは，水力発電の開発余地を有するといえる。ただし，洪水期中に水位を上昇させた運用を行った場合，洪水が発生する前に洪水貯留準備水位まで低下させる必要がある。

　国土交通省や都道府県が管理するダムでは，ダム管理者と発電事業者が異なり，貯水位を高く設定し，貯水容量を発電に有効活用することができれば，発電事業者は増電というメリットがあるが，ダム管理者は洪水発生が予測されると確実に貯水位を低下させるという操作が新たに加わるため，管理負担が増加することとなる。したがって，事業者間で地球温暖化抑制などの目的（水力価値）を共有したうえで，国産エネルギーである水力のさらなる推進が求められる。

◆ 貯水池を有効利用する技術 "予備放流"

　ダムにおいて，洪水の発生を予測した場合，平常時は利水で活用している容量の一部を洪水が発生するまでに放流し，洪水調節容量を確保する操作を "予備放流" と呼んでいる。増電を目的に，洪水期中の水位を数 m 上昇させ，この容量の一部を活用するためには，この予備放流を導入する必要がある。（**図 3.1-4**）

1 節　既存ダムを賢く使って発電力増強

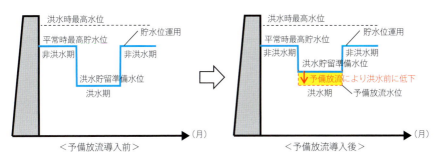

図 3.1-4　貯水池運用図（イメージ）

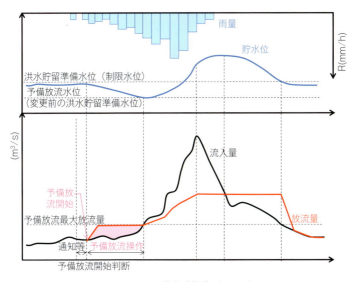

図 3.1-5　予備放流操作イメージ

　予備放流では，洪水が発生する前の河川流量が小さい時点から事前に，貯水位を低下させるための放流を開始する必要がある（**図 3.1-5**）。しかし，予備放流を実施したが洪水が発生しないことも想定され，その場合は水位回復が遅れることになる。そのため，予備放流を実施する場合は，それぞれのダムで放流設備の機能，流域の降雨特性，高精度な降雨予測や台風の進路予測情報などをもとに，放流開始の基準を設定する必要がある。

　特に重要と考えられる情報は，降雨予測に関する情報である。気象庁ホーム

3章　水力発電の未来に向けて

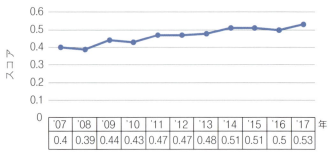

図 3.1-6　降水短時間予測精度の推移
（出典：気象庁 HP「降水短時間予報の精度について」[2]）

ページに示されている降水短時間予測精度の年平均値の推移は，**図 3.1-6** に示すとおりであるが，現時点では，2〜3時間後の予測であったとしても，予測値と実況値が 40〜50 % 程度異なる精度である。**図 3.1-6** に示すスコアとは，例えば予測値が 60 mm で実況値が 30 mm の場合，30（実況値）÷60（予測値）= 0.5，予測値が 15 mm で実況値が 30 mm の場合，15 mm（予測値）÷30 mm（実況値）= 0.5 となり，どちらの場合もスコアは 0.5 となる。

　予備放流と同様，治水容量の一部に流水を貯留し，洪水の発生が予想された場合，洪水が発生する前に貯水位を所定の水位まで低下させる操作として，弾力的管理試験の事前放流がある。「ダムの弾力的管理試験の手引き（案）」に貯留可能な容量（活用容量）の設定事例が示されているが，現時点の降雨予測精度から，活用容量が洪水調節容量の 10 % 以下のダムが多い（**表 3.1-2**）。しかし，**図 3.1-6** に示すように，降雨予測精度は徐々に向上しており，今後さらに貯水位を高く（活用容量を大きく）設定することが可能になると想定される。

表 3.1-2 弾力的管理試験における活用容量の設定事例

地域	ダム名	① 活用容量（千 m³）		② 洪水調節（千 m³）		③ ①／②×100	
北海道	A		4 000		48 600		8.2 %
	B		1 100		51 400		2.1 %
	C		900		30 000		3.0 %
	D		900		11 900		7.6 %
	E		850		12 000		7.1 %
東　北	F		2 530		21 000		12.0 %
	G		1 660		37 000		4.5 %
	H		3 000		84 500		3.6 %
	I		1 170		28 000		4.2 %
関　東	J		1 800		14 140		12.7 %
	K		840		24 500		3.4 %
北　陸	M		300		18 000		1.7 %
近　畿	N	1 460	1 100	76 400	89 000	1.9 %	1.2 %

※ N ダムは，洪水期が第 1 期，第 2 期に分かれており，それぞれ活用容量，洪水調節容量
　が設定されている。

◆ 洪水期中の水位上昇による増電効果

　予備放流を活用し，洪水期の貯水位を高く維持することで増電が期待でき
ることから，100 m 級のモデルダムを設定し，増電効果を定量的に把握する
こととした。増電効果を把握するための貯水位設定は，洪水貯留準備水位＋
1.0 m，＋3.0 m，＋5.0 m の 3 ケースとした。各ケースとも，洪水期中はこ
の水位を最高水位とし，最大使用水量を上限とした取水を行うものとし試算を
行った。なお，増電効果の最大値を把握するため，洪水期においても貯水位を
低下させず，平常時最高貯水位を維持する場合も合わせて検討している。検討
結果は，**表 3.1-3** に示すとおりであり，貯水位を 1 m 上昇させることにより，
1 ～ 2 % 程度の増電が期待できることがわかる。特に，洪水期に貯水位を低
下させないとすると，洪水貯留準備水位まで低下させる現行操作時の年間発電
電力量の約 40 % の増電が期待できることとなる。

　ただし，洪水発生前までに貯水位を洪水貯留準備水位まで低下させておく必
要があるため，実際にこの方法を導入する場合は放流設備が水位低下に必要な
放流能力を有しているか，洪水前に水位低下に要する時間を確保できるかなど，

3章 水力発電の未来に向けて

事前に十分な検討が必要であることは言うまでもない。

表 3.1-3 モデルダムを用いた制限水位引上げによる増電効果試算結果

洪水貯留準備水位 引上げ高（m）	年間発電電力量 （MWh）	設備利用率 （%）	増電効果 （%）
0	10 077	22.1	―
1.0	10 218	22.4	1.4
3.0	10 486	23.0	4.1
5.0	10 735	23.6	6.5
洪水貯留準備水位＝ 平常時最高貯水位 （引上げ高約 40 m）	14 233	31.2	41.2

※計算条件：実在する 100 m 級の多目的ダムを参考に，最大使用水量 7.5 m^3/s，最大有効落差 82.6 m，最大出力 5 200 kW とし，10 年間の実績流入量を計算に用いた。水位は非洪水期については平常時最高貯水位，洪水期については洪水貯留準備水位（＋0 m～＋40 m）の高さで運用するものとして計算を行った結果の年平均値を算出した。

《参考引用文献》

1）気象庁 HP「台風の統計資料」

　　https：//www.data.jma.go.jp/fcd/yoho/typhoon/statistics/average/average.html

2）気象庁 HP「降水短時間予報の精度について」

　　https：//ds.data.jma.go.jp/fcd/yoho/kotan_kensho/kotan_hyoka.html

コラム　気象予測を取り入れたダム管理

　我が国の気象予測は適宜改良されながら，気象庁などによって実施されている。しかし，ダム流域で気象台などが提供する予測を用いる場合，予測精度や配信間隔，分解能でダム管理者のニーズが満足できないこともある。一例として，富山県の黒部川に位置する出し平ダムで宇奈月ダムとの連携排砂が2001年度（平成13年度）より実施されているが，連携排砂は，梅雨前線などによる降雨で，基準値以上の流入量となった場合に実施されることから，精度よく流入量を予測することが求められている。

　このようななか，関西電力によって，黒部峡谷を対象にレーダ雨量分布の外挿法をベースとした運動学的予測手法（非地形性降雨を予測）と局地気象モデルによる物理的予測手法（地形性降雨を予測）での各予測値を予測時間の関数として最適合成し，6時間先までの予測精度が確保可能となるハイブリッド降雨予測手法が開発されている。さらに，それらのモデルとは別に開発した分布型流出モデルとを結合したリアルタイムの流入量予測システムが構築され，既にダム管理の現場で導入されている。

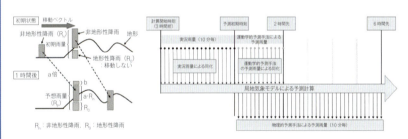

予測雨量作成の模式図　　　物理的予測モデルにおける同化のタイミング

《参考引用文献》
1）橋本徳昭，高田　望，片岡幸毅，池淵周一「山岳域の電力ダムを対象とした降雨予測手法の実用化」ダム工学，第16巻第4号，pp.257-268，2006年

3章　水力発電の未来に向けて

コラム　AIを活用したダム運用の高度化

　水力発電所の運用は，細かい運用ノウハウを熟練技術者の経験に頼っており，貯水池運用に関する技術やノウハウを後任の技術者へ水平展開する方法が課題であるとされている。関西電力などでは，黒部川水系に位置する12の水力発電所を対象とし，ダム流入量の予測精度を高め，水力発電所の発電量を向上させる研究に着手した。

　具体的には，IoTセンサーから収集したデータや，気象観測データをAIで分析し，気象の変化状況を踏まえた最適なダム運用を自動的に導き出すシステムを構築する予定である。ダム流入量の予測精度が向上することで，発電所の増設や設備更新することなく，年間最大約3 000 kWhの発電量増加（従前に比べ1％増）が期待できるとされている。

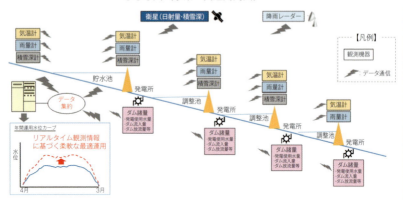

システムのイメージ図

（出典：関西電力（株）HP「発電運用効率化技術の研究概要」
　　　https://www.kepco.co.jp/corporate/pr/2018/0918_2j.html）

2節 ダム嵩上げによる発電力増強

● 既設ダムの嵩上げによる発電力増強

　我が国では，治水および利水の安全度向上の目的達成に，ダムを建設することで対応してきた。しかし，近年の財政事情や洪水・渇水被害の頻発など気候変動の顕在化から，新規ダムの建設に加え既設ダムを有効活用することが求められており，多くのダムで再開発が実施されている。

　中でもダムの容量を増大させ，ダムの機能アップを図る「嵩上げ」は，再開発の目的に応じて，洪水調節容量，利水容量の各容量を増大できる。

　特に利水容量が増大した場合は，平常時の貯水位が高くなることにより発電力増強につながる。一つの事例として新桂沢ダムの例を紹介する。

■ 新桂沢ダム（北海道）の事例

　国土交通省北海道開発局の新桂沢ダムでは，既設の桂沢ダム堤体のダム軸を変えずに1.2倍に嵩上げすることにより，ダムの貯水容量を約1.6倍に増加させ，洪水調節容量の増加，発電容量の増加，工業用水確保を図る事業を実施している。（**図3.2-1，3.2-2**）

　新桂沢ダムの再開発に伴い，既存の桂沢ダム発電所を廃止し新桂沢発電所を新設した。（**表3.2-1**）

　最大使用水量 $23.5\mathrm{m}^3/\mathrm{s}$ の変更はなく，有効落差の増分により，最大出力で1 800 kW の出力増が図られている。

3章 水力発電の未来に向けて

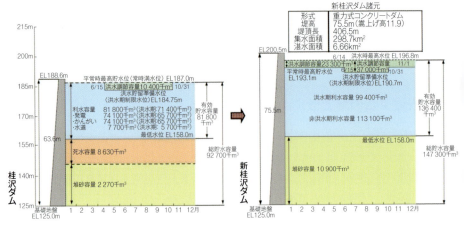

図 3.2-1 新桂沢ダムの嵩上げによる容量増の内訳
（出典：国土交通省 北海道開発局「北海道地方ダム等管理フォローアップ委員会桂沢ダム定期報告書 概要版」2016年3月[1])

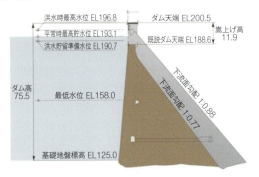

図 3.2-2 新桂沢ダム断面図
（出典：国土交通省 北海道開発局 札幌開発建設部 HP「新桂沢ダム諸元」[2])

2節 ダム嵩上げによる発電力増強

表 3.2-1　発電計画諸元

項目		単位	桂沢発電所	新桂沢発電所
河川名		—	石狩川水系幾春別川	
発電方式		—	ダム水路式	同左
流域面積		km²	298.7	同左
ダム	ダム名	—	桂沢ダム	新桂沢ダム
	形式	—	重力式コンクリート	同左
	高さ	m	63.6	75.5（＋ 11.9）
	有効貯水容量	10^6 m³	81.8	136.4（＋ 54.6）
	HWL	EL.m	187.0	193.1（＋ 6.1）
	LWL	EL.m	158.0	同左
水路	導水路	m	1 699	同左
	水圧管露	m	271.7	同左
	放水路	m	639.6	同左
水車	形式	—	VF	同左
	出力 × 台数	kW× 台	8 200×2	8 690×2（＋ 490）
発電機	形式	—	3 相立軸	同左
	出力 × 台数	kVA× 台	9 000×2	9 400×2（＋ 400）
発電計画	有効落差	m	75.0	81.5（＋ 6.5）
	最大使用水量	m³/s	23.5	同左
	最大出力	kW	15 000	16 800（＋ 1 800）
	運転開始	—	1957 年 9 月	2022 年 6 月

（出典：電源開発（株）HP「水力発電事業」「計画概要」[3]）

《参考引用文献》

1) 国土交通省 北海道開発局「北海道地方ダム等管理フォローアップ委員会桂沢ダム定期報告書 概要版」2016 年 3 月

2) 国土交通省 北海道開発局 札幌開発建設部 HP「新桂沢ダム諸元」
https：//www.hkd.mlit.go.jp/sp/ikushunbetu_damu/kluhh4000000c8e6.html

3) 電源開発（株）HP「水力発電事業」「計画概要」
http：//www.jpower.co.jp/bs/renewable_energy/hydro/katsurazawa/summary.html

3章　水力発電の未来に向けて

トライアル　嵩上げによる発電力増強の試算

　我が国におけるダムの嵩上げ規模を参考に，モデルダムを 1.0m，3.0m，5.0m 嵩上げした際の増電効果を試算した。ここでは，嵩上げ分だけ水位が単純に上昇するものとして試算を行った。試算の結果，増電効果は嵩上げ高 1.0m で 1.6%，3.0m で 4.9%，5.0m で 8.2% となる。

モデルダムによる落差増大効果の試算結果

嵩上げ高	現行	+1.0m	+3.0m	+5.0m
平均有効落差(m)	61.2	62.2	64.2	66.2
落差増大効果(%)	0.0	1.6	4.9	8.2

※ 算定条件：嵩上げ後は，嵩上げ高の増分だけ運用水位が上がるものと想定し試算を行った。
　モデルダムの諸元は実在の多目的ダムを参考に設定した（既設ダム高 95.0m，発電最大使用水量 7.5m³/s，有効落差 82.63m，最大出力 5 200kW）。
　平均有効落差はダムの 10 年間の平均貯水位（ダム諸量データベースの日平均水位を使用）より算定した。

　我が国の多目的ダムのうち，データの公表されている 44 ダムの水力発電所における年間発電電力量の合計は約 2 688 000MWh である。これに対し，上記の試算を基に 44 ダムで 1 〜 5m の嵩上げを行ったとすると，増電力は約 43 000MWh（1.6 % 増）から 220 000MWh（8.2 % 増）となる。

　この増電量は，調整池式と貯水池式の未開発分（7 540 097+2 448 559 ＝ 9 988 656MWh）の 0.4〜2.2 % に匹敵する値であり，これが既設ダム地点で得られるメリットである。上記の 44 ダムのほかにデータが未公表のダムが 160 基程度（発電方式が不明なものも含めると 220 基程度）あり，嵩上げによる増電効果はさらに大きくなると考えられる。

日本の発電方式別包蔵水力

		既開発			工事中			未開発		
		地点	出力(kW)	電力量(MWh)	地点	出力(kW)	電力量(MWh)	地点	出力(kW)	電力量(MWh)
一般水力	流込式	1 271	4 924 456	27 061 567	50(3)	60 588	284 964	2 502	8 769 060	35 260 810
	調整池式	458	10 456 610	45 820 364	3(1)	60 499	293 153	149	2 255 650	7 540 097
	貯水池式	259	7 036 204	20 138 658	6(1)	221 370	489 888	47	920 720	2 448 559
	小計	1 988	22 419 270	93 020 589	59(5)	342 457	1 068 005	2 698	11 945 430	45 249 466
混合揚水		17	5 624 690	2 378 974	0	0	0	18	6 916 000	1 651 500
計		—	—	95 399 563	—	—	1 068 005	—	—	46 900 966

（出典：資源エネルギー庁 HP「水力発電について」「データベース」[1]）

《参考引用文献》

1）資源エネルギー庁 HP「水力発電について」「データベース」
　http：//www.enecho.meti.go.jp/category/electricity_and_gas/electric/hydroelectric/database/energy_japan005/

3節 ダムの総合活用による再生

◆ ダムの総合活用

　前節まで，ダムの貯水位を引き上げることによって得られた有効落差の増分で発電力が増強されることを示した。

　しかし，貯水位を引き上げる効果はそれだけではない。

　貯水位を引き上げることで発電として利用可能な容量が増大すれば，これまで有効に貯留できていなかった水を貯め込むことができ，発電に利用できる水の量が増大するため増電につながる可能性がある。

　これを前述の落差増大効果と併せて，方策と効果の関係を整理すると**表3.3-1**のようになる。

表3.3-1　ダムの総合活用による増電方策と増電効果の整理

増電効果＼増電方策	貯水池運用変更 （制限水位の引き上げなど）	ダム改造 （堤体嵩上げなど）
落差増大効果	従前の発電操作でも効果が得られる	同左
無効放流低減効果	貯水池運用を変更した期間は，発電操作方法を変更することで貯め込み効果が得られる	発電操作方法を変更することで貯め込み効果が得られる

　上表で示した貯水池運用変更による無効放流（水車を通過しない放流）低減効果のイメージは，次のとおりである。

● 無効放流低減効果のイメージ

　発電最大使用水量以上の放流は洪水吐きなどにより行われ，発電には寄与しないため，できるだけ水車を通して放流するほうが有利である。その方法として，洪水前は，早期に洪水を予測し，発電放流による予備放流で貯水位を低下させ，洪水中の流入を貯留して水位を回復させる。また，洪水後期は，直ちに次の洪水が生起しないことを確認したうえで，洪水吐き放流を停止し，発電放流により水位を低下させる。

　上記の運用には，長時間先の出水を予測できている必要があり，今後さらなる

3章　水力発電の未来に向けて

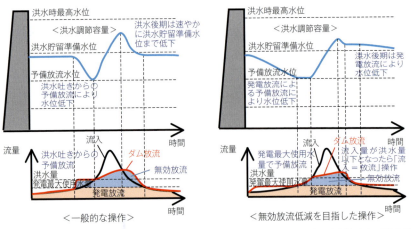

※図では洪水時における操作のイメージをわかりやすくするため、ピーク発電など細かな時間変動の表現は省略した。

図 3.3-1　無効放流低減のイメージ

予測精度の向上が望まれる。また、電力供給は時々刻々変化する需要とのバランスをとる必要があり、上記のような増電は、従来行われている火力発電など、ほかの発電方式との調整が必要となる。

　以上で示した増電方法は、1つの発電所に増電効果をもたらすだけでなく、流域の上流に位置する貯水池式発電所と下流の発電所群を連携して実施することで、大きな増電効果につながる可能性がある。地球温暖化等の気候変動に伴い、局所的豪雨などでみられるような短時間雨量の増大や、融雪による流出の時期・量の変化などが予想され、現行の操作方法では発電に使用されず放流される流量が増大することも想定される。そのため、既存ダムの運用変更や嵩上げ等のダム改造により賢く溜め込む方策が重要になると考えられる。

3節 ダムの総合活用による再生

コラム ダムの利水容量の設定方法

　水資源は，我が国の社会的・経済的諸活動に必須の基礎的重要資源であり，その確保のための諸施設は，国や地方公共団体の施策として進められており，社会経済の動向をみながら計画的なダム建設等が進められている。

　利水計画を策定するにあたっては，計画の安全度を考慮のうえ，計画基準年を設定する。我が国のダム等による水資源開発は，一般に10年に1回程度（30か年のデータを用いる場合は第3位相当）の規模の渇水相当の計画基準年において所定の流量が確保できるように計画されている。

コラム ダムの治水容量の設定方法

　各ダムに求められる治水機能は，ダムが造られる河川の流域全体の計画（河川整備基本方針）の中で決められている。

　ダムの治水容量は，ダムが造られる場所における計画高水流量（およそ50年や100年に1回起こりうる洪水の規模）に対して，その場所で貯められる量や，ダムの下流河川が流せる流量によって決まる。

　この容量は，平常時は空の状態を確保しておき，洪水時にダムに流入する流量の一部を一時的に貯水池に貯めることで，ダムからの放流量を流入量より小さくする操作（洪水調節）を行うことに用いられる。

3章　水力発電の未来に向けて

◆ 発電専用ダムにおける再開発

ダム再生により有効落差が増大するのに合わせ，発電使用水量を増大させることで，高い効果を得ている事例を紹介する。

■ 帝釈川ダム（広島県）の事例[1),2)]

中国電力（株）の帝釈川ダムでは，1924年（大正13年）の完成以来80年が経過し老朽化が進んでいることや，既設のトンネル洪水吐の放流能力が小さく貯水池運用に制約を与えていることなどから，放流能力向上を目的としたダムの再開発が行われた（2006年竣工）。具体的には，帝釈川ダムに洪水吐ゲートを新たに設置し，既設トンネル洪水吐と併せて運用することで洪水処理能力を増大させるとともに，ダム下流面に腹付コンクリートを打設して堤体の耐震安全性の向上を図っている。これに合わせて，発電導水路を無圧トンネルから圧力トンネルに変更して未利用落差（35 m）を有効活用することで11 000 kWの新帝釈川発電所を増設した。既設帝釈川発電所は，帝釈川ダムからの取水を取り止め，帝釈川の支川である福桝川からの取水のみとすることで規模を縮小した。全体として9 000 kWの出力増加を実現した。当ダムは比婆道後帝釈国定公園第一種特別地域内に位置し，ダム湖は地元の貴重な観光資源にもなっている。再開発にあたっては自然環境および遊覧船の運行等に十分配慮するとともに，河川維持流量の放流によるダム下流河川の環境改善が図られた。

写真 3.3-1　帝釈川貯水池（神竜湖）
（出典：一般財団法人 水源地環境センターHP「ダム湖百選」「神龍湖」[3)]）

3節　ダムの総合活用による再生

表 3.3-2　帝釈川発電所再開発の諸元

	既 設	再 開 発 後	
発電所名	帝釈川	新帝釈川	帝釈川
発電方式	ダム水路式	ダム水路式	水路式
流域面積（km^2）	213	120	92
有効落差（m）	95.2	129	95.2
最大使用水量（m^3/s）	5.7	10	3.1
最大出力（kW）	4 400	11 000	2 400
運用開始	1924 年	2006 年 6 月	2006 年 6 月

写真 3.3-2　再開発前の帝釈川ダム　　写真 3.3-3　再開発後の帝釈川ダム洪水吐

（出典：一般財団法人 日本ダム協会 HP「ダム便覧」「帝釈川ダムのリニューアル―厳しい自然条件に対応し環境保全に配慮」[4]）

3 章　水力発電の未来に向けて

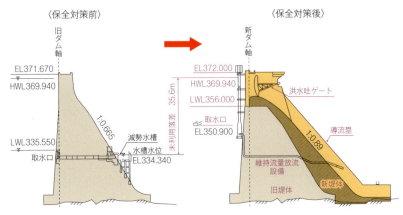

図 3.3-2　帝釈川ダム断面図

（出典：一般財団法人 日本ダム協会 HP「ダム便覧」「帝釈川ダムのリニューアル—厳しい自然条件に対応し環境保全に配慮」[4]）

◆ダム再生ビジョンを踏まえた最適運用を目指して

　これまで我が国ではダムの再開発の事例が積み重ねられてきた。しかし，厳しい財政事情や生産年齢人口の減少や，気候変動に伴う洪水・渇水被害の増加を受け，既設ダムを長期にわたって有効に，かつ持続的に活用することが重要となっている。また，近年の施工技術の進歩や気象予測精度の向上を考えれば，より高度なダム活用が可能となってきている。

　以上のような背景を踏まえ，国土交通省は「ダム再生ビジョン（2017 年 6 月）」を策定し，有効活用の動きを加速させている。

　策定以降，ダム再生事業として 2018 年度までに採択された事業は**表 3.3-3** のとおりである。

　これまでに，発電力増強の観点から，多目的ダムにおける貯水池運用の変更やダム嵩上げによる容量増加について述べた。

　一方で，一つの水系に数多くの発電専用ダムが設置されている場合も少なくない。これらのダムで，気象予測など最新の技術を駆使して洪水前に空き容量を確保する等，新たな運用を行うことで，流域内のダム群全体で洪水調節効果を高めることも可能である。

　特に，近年は，局所的豪雨や既往最大となるような異常洪水など，想定を上

3節　ダムの総合活用による再生

表 3.3-3　「ダム再生ビジョン」策定後，ダム再生の実施計画調査に着手されたダム

事業名	ダム名	事業者	所在地	事業概要
雨竜川ダム再生事業	雨竜第1ダム雨竜第2ダム	北海道開発局	北海道雨竜郡幌加内町	・雨竜第1ダム：容量振替により洪水調節容量を新たに確保 ・雨竜第2ダム：嵩上げおよび容量振替により洪水調節容量を新たに確保
矢作ダム再生事業	矢作ダム	中部地方整備局	愛知県豊田市，岐阜県恵那市	・放流設備の増設により洪水調節機能を増強
早明浦ダム再生事業	早明浦ダム	(独)水資源機構	高知県長岡郡本山町，土佐郡土佐	・容量振替および予備放流により洪水調節容量を増大 ・放流設備の増設により洪水調節機能を増強
北上川上流ダム再生事業	四十四田ダム御所ダム	東北地方整備局	岩手県盛岡市	・四十四田ダム：嵩上げにより洪水調節機能の増強 ・御所ダム：操作変更による洪水調節機能の増強
藤原・奈良俣再編ダム再生事業	藤原ダム奈良俣ダム	関東地方整備局	群馬県利根郡みなかみ町	・藤原ダムの洪水調節容量と奈良俣ダムの利水容量を振り替え，さまざまなパターンの洪水に対して，下流の浸水被害の軽減を図る
岩瀬ダム再生事業	岩瀬ダム	九州地方整備局	宮崎県小林市，都城市	・容量振替，放流設備増設による洪水調節機能の増強
佐幌ダム再生事業	佐幌ダム	北海道	北海道上川郡新得町	・嵩上げによる洪水調節機能の向上

回る事象が生起しており，柔軟な対応による減災も求められている。

　このような観点から，発電ダムにおいても，洪水被害の軽減に寄与する操作を行うとともに，無効放流の減少による増電効果を確保するといった，防災面とエネルギー面の最適解を目指した運用（Win-Win）を既存ストック全体で行うことが求められている。

《参考引用文献》

1）沖田俊治，吉岡一郎，市原昭司「新帝釈川発電所建設工事の概要」電力土木，第309号，2004年1月
2）吉岡一郎「帝釈川ダムの保全対策工事について」ダム日本，第728号，2005年6月
3）一般財団法人 水源地環境センターHP「ダム湖百選」「神龍湖」
　　http：//www.wec.or.jp/library/100selection/content/shinryu.html
4）一般財団法人 日本ダム協会HP「ダム便覧」「帝釈川ダムのリニューアル―厳しい自然条件に対応し環境保全に配慮」
　　http：//damnet.or.jp/cgi-bin/binranB/TPage.cgi?id ＝ 185&p ＝ 2

113

3章　水力発電の未来に向けて

 気候変動への適応

◆ 気候変動に伴う河川流量・流況の変化

　近年の気候変動に伴う流況変化は，水力発電においては発電電力量の増減につながる極めて重要な現象である。

　気候変動に伴う河川流況の変化に関しては，これまでの知見により多雪地域に大きな変化が予想され，東北や北陸の日本海側の流域では，温暖化による降雪量減少・降雨量増加のため，1～3月の流入量が増加し，4～6月の流入量が減少することが明らかとなっている[1]。

　そこで，これを確認するために，多雪地域を流れる河川の代表として阿賀野川水系只見川の奥只見ダムの事例を紹介する[1]。

　事例では，流出解析モデル（Hydro-BEAM）に，現行の貯水池運用をベースとしたダム運用再現モデルを組み込み，河川流況変化とそれに伴う水力発電量変化の予測，評価を行っている。解析対象期間は，現在気候（1981～2010年）と将来気候（2081～2110年）の各30年間である。なお，検討は，シナリオどおりに温暖化が進行した場合（将来気候±0），さらに気温が1℃，2℃上昇した場合（将来気候＋1，将来気候＋2）の3パターンについて行われている。

　その結果，年間総流量に関しては，気候変動が進行するにつれて蒸発散量の増加の影響が大きくなり，減少するという結果が得られた。季節変化については図3.4-1に示すように，冬期（1～3月）の流量が増加し，融雪による流出（4～6月）が減少するとともに早期化するという傾向がみられた。この主な要因は冬期降雨量の増加，そして融雪時期の明らかな早期化である。年間水力発電量に関しては，図3.4-2に示すように，気候変動が進行するにつれて減少する結果を得た。これは，貯水池の満水による無効放流の発生を避けるために，融雪による流出に備えて融雪期前（3月末）に貯水位を最低水位まで下げるという現行の運用を将来気候条件下においても適用した場合，図3.4-3に示すように貯水位を回復させることができない年が増加し，図3.4-4のように夏期の発電量が大きく減少するからである。

4節 気候変動への適応

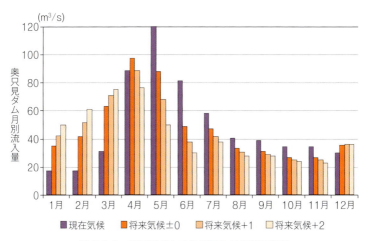

図 3.4-1 奥只見ダムの月別流入量の将来変化

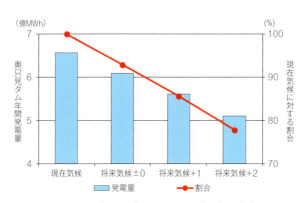

図 3.4-2 奥只見ダムの年間発電量の将来変化

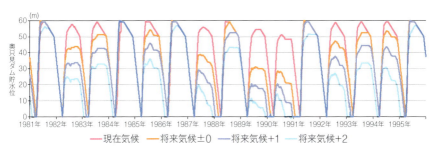

図 3.4-3 奥只見ダムの貯水位の将来変化

3章 水力発電の未来に向けて

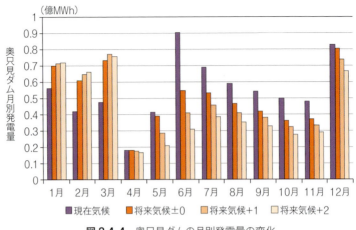

図3.4-4 奥只見ダムの月別発電量の変化

◆ 河川流量・流況変化に対する適応策

気候変動に関する研究「日本の水力発電のポテンシャルと気候変動による影響」[1]によると，地球温暖化に伴い河川の流況に影響が生じることが報告されている。

同研究では，全国の国土交通省および水資源機構が管理する91の多目的ダムを対象に，現在気候流況曲線と将来気候流況曲線を作成し，現在気候における年間総発電量（E）・将来気候における年間総発電量（E'）を求めている。さらに，流況変化により発電量が最大となる最適規模が変化することから，これを考慮した最適化年間総発電量（E'opt）を算出している。

気候変動による全国のダムの年間総発電量の変化を図3.4-5に示す。北海道と東北の一部のダムを除いて全てマイナスとなり，気候変動に伴う流況曲線の変化が発電量を大きく減少させる結果となった。

次に，流況曲線の変化に合わせて発電最大使用水量を最適化した結果を図3.4-6に示す。気候変動により発電量がマイナスとなることに対し，最適化を行うことによりプラスに転じるダムを見出した。

図3.4-7は，気候変動と最適化の結果を地域ごとに示したものである。北海道では約20％の増電が期待されるのに対して，中国地方では24％の減電が予想される結果となった。

4節 気候変動への適応

　気候変動に伴う河川流況の変化に対し，最大使用水量を最適化させることによって年間総発電量の減少を最小化させたり，場合によっては増加させることが可能となるケースがあることが明らかとなった。

　このことは，今後，新規の発電所の計画や，既設発電所における水車発電機の更新計画を策定する際には，気候変動を考慮した更新時期と設備仕様とすることが重要であることを示唆しているといえる。

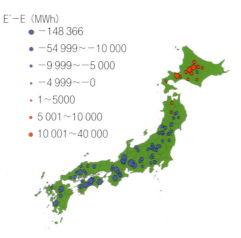

図 3.4-5　気候変動による年間水力発電量の変化（現在気候（E）および将来気候（E'）の差分）

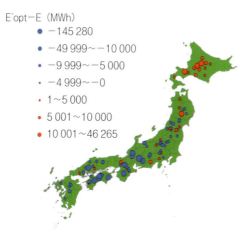

図 3.4-6　年間水力発電量の最適化結果（適応策）（現在気候（E）と将来気候の最適化（E'opt）の差分）

3章 水力発電の未来に向けて

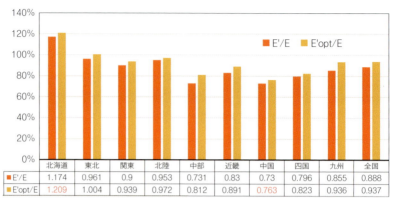

図 3.4-7　地域別の気候変動による年間水力発電量の変化（比率）

◆ 気候変動に伴う貯水池内流入土砂量の変化

　近年，気候変動に伴う影響かは明確にされていないが，大規模出水の増加傾向が認められる。ダム貯水池の維持管理においては，このような集中豪雨に起因する突発的な大規模土砂流入が課題であるといわれている。洪水の発生状況を把握するため，気象庁公表の資料を図 3.4-8 示すが，1 時間降水量が 50 mm の豪雨が，1976〜2016 年の期間において増加していることがわかる。

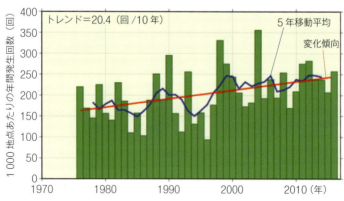

図 3.4-8　アメダス地点で 1 時間降水量が 50 mm 以上となった年間発生回数の経年変化
　　　　　（出典：気象庁「地球温暖化予測情報第 9 巻」2017 年 9 月[2]）

4節 気候変動への適応

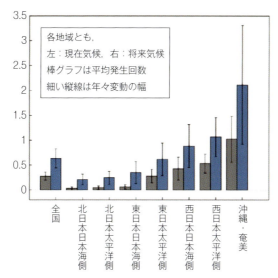

図 3.4-9 地域別の1時間降水量 50 mm 以上の年間発生回数の変化
（出典：気象庁「地球温暖化予測情報第9巻」2017年9月[2]）

さらに，将来予測（RCP8.5 シナリオを用いた予測）を**図 3.4-9** に示すが，21世紀末における1時間降水量 50 mm 以上の短時間強雨（滝のように降る雨）の発生回数は，全ての地域および季節で有意に増加すると予測されている。

集中豪雨に起因する土砂流入量を把握する方法として，分布型降雨土砂流出モデル[3]が提案されている。

この方法を用いて集中豪雨時（ダムの計画規模降雨相当）に流入する土砂量を推定した結果を**表 3.4-1** に示す。これより，崩壊土砂量が，計画堆砂量に

表 3.4-1 豪雨時の土砂流入量推定結果

ダム名	計画堆砂容量 （千 m³）	降雨規模	新規崩壊土砂量 （千 m³）	計画堆砂量に対する崩壊土砂量（%）
Aダム	15 000	約 1/200 年確率	3 200	21.3
Bダム	6 170	約 1/200 年確率	400	6.7
Cダム	10 000	約 1/200 年確率	1 100	11.0
Dダム	1 200	約 1/100 年確率	400	33.3
Eダム	2 600	約 1/100 年確率	400	16.0

3章 水力発電の未来に向けて

対し30%を超えるダムも認められ，気象変化が水力発電の機能に与える影響が増大することが懸念される。

◆ 貯水池内堆砂進行に対する新たな取り組み

2章では，環境との共生の観点から土砂流下の連続性を管理する技術について述べた。以降では，土砂通過（ダム通砂）に関わる先進的な取り組みと技術開発事例について記述する。

● 洪水を利用した土砂通過（ダム通砂）の先進的な取り組み

宮崎県耳川水系では，2005年（平成17年）の台風14号により山間部で総雨量1 300 mmを超える記録的大雨となり，流域では多数の斜面崩壊や浸水災害が発生し，県全体の被害額は1 300億円と過去最大の災害となった。斜面崩壊により，流域で累計1 060万 m³の土砂が河川に流入し，その約半分に相当する520万 m³が九州電力が管理する7ダムの貯水池に堆積した。特に諸塚村では，河川やダム貯水池に大量の土砂が流れ込んだことが洪水氾濫被害の一因となっていたため，宮崎県が河道掘削，築堤，護岸，宅地嵩上げによる治水対策

図3.4-10　宮崎県耳川水系総合土砂管理のイメージ図
（出典：前田建設工業（株）HP「実績紹介」「耳川水系総合土砂管理における関係工事」[4]）

を進めるとともに，土砂を堆積させない対策として，九州電力が保有する水力発電用ダムに通砂機能を付加する改造事業等が実施されている（**図 3.4-10**）。

この事業の中心的な役割を担うダム通砂は，台風出水時にダム水位を一時的に低下させ，貯水池内の水の流れを本来の自然の川の状態に近づけることにより上流から流れ込む土砂をダム下流に流下させるもので（**図 3.4-11**），洪水時に十分な水位低下を実現させるためのクレストゲート改造工事が進められた（**図 3.4-12**）。

数値解析の結果，ダム通砂運用によって貯水池上流の土砂が下流に引き込まれ

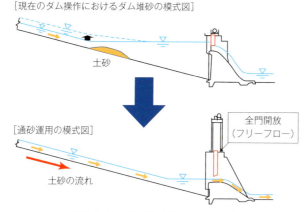

図 3.4-11　ダム通砂運用のイメージ

図 3.4-12　ダム改造イメージ

3章 水力発電の未来に向けて

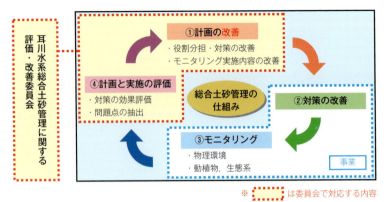

図 3.4-13 耳川水系の総合土砂管理の PDCA サイクル（出典：「第 7 回耳川水系総合土砂管理に関する山地・ダム・河道・河口海岸領域ワーキンググループ（平成 31 年 2 月 15 日）資料 1」[5]に一部加筆）

ることで，貯水池上流の河床は現行よりも低下し，浸水リスクが軽減されることが示されている。また，これまでダムで留まっていた砂礫がダム下流へ供給されることにより，下流河道や沿岸域では，河床低下や海岸侵食の抑制，河床材料の多様化などによる生態系を含む水域環境の健全化につながることが期待されている。

耳川水系の総合土砂管理のユニークな点は，このようなダム通砂運用のみならず，山地，ダム・河道，河口・海岸の各領域の関係者が情報共有しながら事業を進めていることにある。総合土砂管理には，年ごとや将来にわたる土砂流入量の変化や，通砂された土砂の下流河道や河口・海岸への流下や堆積による治水・利水・環境への影響など，さまざまな不確実性やリスクが存在する。これらを事前に予測し尽くすことは到底困難であり，実施モニタリング結果に即した改善（PDCA サイクル）を行いながら順応的な土砂のマネジメントを行う必要がある（図 3.4-13）。そのためには，関係者間で基礎となるシミュレーション結果を理解し，これをもとにした信頼関係が構築されていることが極めて重要である。

● 土砂の通過を許容する水車の開発

水力発電施設では，出水時に濁度が一定以上に上昇すると，水車の摩耗などが懸念されることから，発電を停止する等，積極的な発電取水を行わないのが一般的である。また，出水時に発電を行うケースについては，濁水通過により水車が摩耗し，効率の低下を招くことから，これまで，耐摩耗性の高いコー

ティングの研究・開発が行われてきた。

　ダム貯水池の堆砂は出水時の土砂流入により進行するため，出水時の発電取水で土砂（浮遊砂など）を通過させることができれば，堆砂進行を抑制できる可能性がある。海外では，出水時に積極的に土砂を通過させることを想定した研究が行われており，水車の摩耗に対して，ハードコーティング（チタン合金膜の吹付等）やソフトコーティング（ポリウレタン等）が研究されている（図 **3.4-14**）。

図 **3.4-14**　水車のハードコーティング（チタン合金の吹付（左））とソフトコーティング（ポリウレタンの塗布（右））

《参考引用文献》

1) 角　哲也，桑田光明，石田裕哉，丹羽尚人，小島裕之，井上素行，佐藤嘉展，竹門康弘，Sameh Kantoush「日本の水力発電のポテンシャルと気候変動による影響」京都大学防災研究所年報，第 59 号 B，2016 年 6 月
2) 気象庁「地球温暖化予測情報第 9 巻」2017 年 9 月
3) 永谷　言「分布型流出モデルによる流域土砂の生産・移動予測と管理への応用に関する研究」京都大学大学院工学研究科博士学位論文，2015 年
4) 前田建設工業（株）HP「実績紹介」「耳川水系総合土砂管理における関係工事」
5) 第 7 回耳川水系総合土砂管理に関する山地・ダム・河道・河口海岸領域ワーキンググループ（平成 31 年 2 月 15 日）資料 1
https://www.pref.miyazaki.lg.jp/kasen/shakaikiban/kasen/documents/4360_20190328211701-1.pdf

3章 水力発電の未来に向けて

コラム　堆砂対策の必要性の指標― CAP/MAS と CAP/MAR ―

　CAP/MAS は，総貯水容量／年平均土砂流入量 を意味し，堆砂によってダムの容量が満杯になるのに何年かかるかを示す指標と考えることができ，この値が小さいダムほど土砂堆積により貯水容量が減少する速度が速いことを意味する。

　一方，CAP/MAR は，総貯水容量／年平均流入量を意味し，ダムの容量が入れ替わるのに何年かかるかを示す指標と考えることができ，この値が大きいほど土砂排出のために水位低下させることなどが難しいことを意味する。

　この指標をパラメータにすると，堆砂対策の必要性の高いダムを抽出することができる。すなわち，上記のとおり，CAP/MAS および CAP/MAR が小さいダムほどに，土砂が貯まりやすい一方で，水位低下などによる土砂対策の実現性が高い。

　宮崎県耳川水系の7ダムを例にとると，上椎葉，塚原ダムなどに対して，山須原，西郷，大内原ダムは，CAP/MAS が小さく堆砂対策の必要性が高いことがわかる。一方で，CAP/MAR が小さくこの3ダムでは実際ゲート改造によるにダム通砂が計画された。

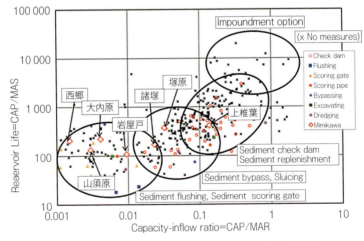

CAP/MAS および CAP/MAR を指標とした土砂管理方策選定

4節 気候変動への適応

コラム 土砂濃度と発電出力の関係性

水力発電所の発電効率を向上させる方策としては、水車形状をより損失の少ない形状にしたり、発電機をより高効率なものに改造したりすることが挙げられるが、それ以外にも使用する水の密度によって発電効率を向上させることが可能ではないかと考えられている。

過去の研究[1]において、浮遊土砂の量が増加する、また浮遊土砂径が大きくなるにつれて、粗面水路では抵抗係数が小さくなる傾向が実験により確認されている。発電所の導水路のように数km～数十kmにわたる水路の場合、水路の摩擦抵抗が変化することによる発電量への影響は大きいと考えられる。

新潟県の信濃川発電所（最大出力180 000 kW）では、毎年4月に比べて9月の最大出力が8 000 kWも小さくなっている。

発電所で使用する水の密度に着目したところ、4月の融雪期の流水は濁っており土砂濃度が夏期に比べ高く、年間の土砂濃度と出力変動には細部まで一致はしないものの、相関が確認された。

これは、融雪期や出水時など濁度の高い時期に積極的に発電を行うことで、出力増加につながる可能性を示唆している。

なお、水力発電の分野では、過去には、上記を一例として、さまざまな視点から発電の高効率化に向けた研究が実施されていた。今に生きる我々もこれに倣い研究を深め、水力発電技術をさらに深化させることが求められている。

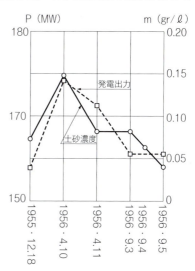

信濃川発電所出力と土砂濃度の変化の関係

《参考引用文献》

1) 日野幹雄「粗面水路における土砂流の抵抗法則およびその応用」土木学会論文集、第95号、1963年7月

3章 水力発電の未来に向けて

5節 水力発電のパラダイムシフト

◆ 都市主体から地域主体の水力発電へ

　これまでの水力発電は，都市資本が地方に施設を整備し，発電した電力は都市に供給する。地方はその見返りとして，固定資産税，電源立法交付金などを受け取る図式であった。この図式では，地域住民の雇用創出が限定的であるとともに，発電所設置に伴い発電効率を高める視点から河川流量を最大限利用し，ダムからの放流量を最小限としたため，ダムの下流河川は減水や無水化し，地域住民がダム完成前まで享受できていた河川環境が悪化した事例も認められる。
　今後は，
- ◎ 地方が主体となって発電所を整備し，電力を地産地消することによって，地域内で経済循環を促す。
- ◎ 余剰電力が得られれば都市にも供給し，地方は売電によって収入を得る。
- ◎ また，地域資源として保全すべき河川維持流量などの環境保全対策について，地方（地元関係者）が主体的に関与し，合意形成の透明化を図る。

といったことが望まれる。これを図式化したものが**図 3.5-1**である。しかし，これらを実現していくためには種々の課題があり，それを解決していく必要がある。その解決方法等を以降に示すこととする。

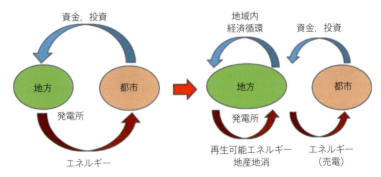

図 3.5-1　都市主体から地域主体の水力発電への転換

◆ 河川環境維持と発電最大化の両立

河川および河川水は公共の資産"公水"であり，河川の正常な機能を維持するための流量（維持流量）の確保が必要である。水路式やダム水路式発電所を設けることで減水区間が生じる場合には，維持流量は下記方法などにより設定されてきている。

① 「瀬で産卵・生息・回遊を行う主要な魚種にとって必要な水深」「対象魚種の体高の2倍となる水深」等を手掛かりに必要水量を設定する。

② 「正常流量の手引き（2007年9月）」に示されている平均的河川維持流量 $0.3 \sim 0.6 \, \text{m}^3/\text{s}/100 \, \text{km}^2$ を参照する。

一方，地域主体の小規模水力発電は，設備規模が小さい場合が多く，上記方法での流量設定では，発電計画の成否を左右するほどの規模となることも想定される。このため，下記の視点から河川環境を捉え，地域の資産である河川環境の維持と発電の最大化の両立が重要となる。

① 「発電として利用可能な価値」と「地域の環境として残すべき価値」の両方の観点から流域内の河川環境を評価する。

② 流域内における貴重種を明確化し，流域全体でこれを保全するように発電計画と保全対策を立案する。

③ 減水区間への必要流量の確保においては，途中で合流してくる支川流量を加味して，発電使用水量の最大化を行うことも可能である。

④ 必要水量の算定においては，単なる一部の魚類に限定するのではなく，対象河川の生物相全体とし，これを育む生息場を評価する。

⑤ 生息場の評価においては，河川の瀬淵構造に着目した構造的な評価を行う。

⑥ 生息場の評価においては，年間を通じて一定量を評価する静的な評価から，各生物の産卵・回遊期などを詳細に評価する動的な評価を行う。

ヨーロッパでは，上記概念に基づいた小水力発電所の計画が始まっており，アルペン条約（Alpine Convention：アルプス地方の保護と持続可能な開発に関する各国間の合意であり，オーストリア，フランス，ドイツ，イタリア，リヒテンシュタイン，スイス，EUによって1991年に調印，1995年に発効）の下に設置された水管理に関する委員会（Platform Water Management in the Alps）

3章 水力発電の未来に向けて

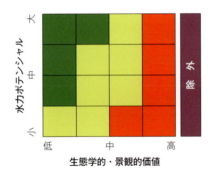

図 3.5-2 地域的，戦略的観点からの小水力発電所の立地環境としての河川区域の妥当性に関する分類体系
（出典：ALPINE CONVENTION PLATFORM WATER MANAGEMENT IN THE ALPS, COMMON GUIDELINES FOR THE USE OF SMALL HYDROPOWER IN THE ALPINE REGION）

からは，小水力発電所の立地環境としての河川区域の妥当性に関する分類体系が示されている（**図 3.5-2**）。我が国においても同様な取り組みの開始が期待される。

◆ **水力発電の導入を促進する工夫**

（1）水利権の融通

　水力発電で使用する河川水は，前述したように公共の財産 "公水" であるため，河川水を使用するには，河川法第 23 条に示されるように国土交通省をはじめとする河川管理者の許可を得なければならない。この許可によって得た河川水を利用する権限を水利権と称している。しかし，河川水は既に幅広い用途で活用され

5節 水力発電のパラダイムシフト

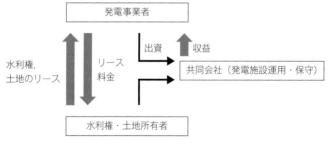

図 3.5-3 水利権のリースによる事業例

写真 3.5-1 取水ダム（左）と発電所外観（右）
（出典：IEA 水力実施協定 HP「好事例報告書集」[1]）

ており水利権の新規取得は，多くの時間と費用を要するなど容易な作業ではない。

そこで参考になる事例として，水利権の"新規取得"に代わり"調達"を行ったノルウェー南東部に位置する Jorda 水力発電所の事例を紹介する（**図 3.5-3，写真 3.5-1，表 3.5-1**）。

当該発電開発会社は，現地に住む 10 名程度の土地・水利権所有者と水利権のリース契約を結ぶことによって水利権を取得した。リース契約期間は 40 年間であり，土地所有者と事業者が共同で株を持つ有限会社を設立し，発電所の運用と保守が行われている。

水利権をリースするメリットは，既得水利権を利用するため早期に事業を実施できることに加え，水利権取得の手続き遅延による経済的損失，水利権の未取得による事業推進困難などのリスク回避にある。

一方，水利権者のメリットは，水力発電所建設段階で想定される種々の問題

3章 水力発電の未来に向けて

表 3.5-1 発電所諸元

項 目	諸 元
水系・河川名	Jorda 川，Veikleâa 川の支流
流域面積（km²）	34.2
年間平均流量（m³/s）	0.46
比流量（l/s/km²）	13.4
設置容量（MW）	2.4
発電機容量（MVA）	3.0
最大流量（m³/s）	0.9
最小流量（m³/s）	0.05
河川維持放流量（通年）（m³/s）	0.03
総落差（m）	335
年間平均発電量（GWh）	7.7
発電所形式	流れ込み式
設計（構成）	ダム（堰） 取水口 上水槽 水圧鉄管 地上発電所 電気機械設備 放水路 既設送電系統へ接続
系統連系	有
水の用途	発電，河川維持放流

（出典：IEA 水力実施協定 HP「好事例報告書集」[1]）

等による経済的リスクを負うことなく，水利使用に対する利益が安定的に得られる点にある。また，固定資産税や収入に対する課税，建設・保守の際の地元雇用は自治体や地域住民にとっても利益となっており，過疎化の防止にも貢献できている。

　このように，他国では水利用の変化などを受けて，水利権売買，水利権融通といったシステムが構築されている。しかし，我が国では水利権の売買は認められていないため，山村地域の過疎化などにより有効活用されていない水利権が散見される。

　水利権は，河川水を使用する水力発電には必須の権利であり，既得水利権の

130

有効活用に視点を置いた法制度の整備が望まれる。

(2) 初期コストの低減

水力発電を推進するうえでは，事業の採算性確保が基本となる。再生可能エネルギーの固定価格買取制度（FIT）の施行に伴い，発電した電気の買取は期待できるが，採算性をさらに高めるためには，発電事業コストに占める割合が大きい建設費を低減させることが求められる。

そこで参考になる事例として，水車・発電機をメーカーからリースするスコットランドの事例を紹介する（**図 3.5-4**，**写真 3.5-2**，**表 3.5-2**）。

Abernethy Trust 小水力発電所は，スコットランドの西海岸（Ardgour）に位置する出力 89kW の流れ込み式水力発電所（2010 年 6 月完成）である。青少年の屋外活動に特化した非営利慈善団体である Abernethy Trust 屋外アドベンチャーセンターが施設を所有し，すべてのトレーニングセンター内施設および

図 3.5-4 メーカーとのパートナーシップ契約による事業例

写真 3.5-2 取水堰（左）と発電所内の水車発電機（右）
（出典：IEA 水力実施協定 HP「好事例報告書集」[1]）

3章 水力発電の未来に向けて

表 3.5-2 発電所諸元

項　　目	諸　　元
水系・河川名	Burn 川支流
最大出力（kW）	89
最大使用水量（m³/s）	0.096
有効落差（m）	120.0
水車型式	横軸一射ターゴインパルス水車
発電機型式	三相誘導発電機
発電所形式	流れ込み式 / 水路式
水圧管路	Φ280 mm×850 m
系統連系	有
他目的施設の利用	無

（出典：IEA 水力実施協定 HP「好事例報告書集」[1]）

スタッフの住居に配電している。余剰電力は，FIT 制度を活用して近くの送配電線網に接続され，売電利益を得るとともに，施設への電気ボイラーによる給湯へ利用され，環境保全のための CO_2 排出削減に貢献している。

　水車・発電機についてはメーカーとのリース契約により調達されており，メーカーと事業者間で，メーカーに支払われるリース料金は水車の発電電力量にリンクし，設備が稼働していない場合はリース料金が発生しないという仕組みを構築したパートナーシップ契約がなされている。

　このような契約方法は，事業者側としては，発電所建設の障害となる高いイニシャルコストを分散できるほか，発電設備の故障などによる稼働率低下とこれによる経済損失リスクを回避できるメリットがある。一方，メーカーとしては，発電量増が直接増収につながることから，メーカーの持つ効率的な運用のためのノウハウを最大限発揮することができる。

　利益を共有する事業者とメーカーとの間の密なパートナーシップの形成は，双方の利益の拡大だけでなく，水力開発に対しての意欲向上につながるものと考えられ，我が国においても見習うべきものと考える。

5節 水力発電のパラダイムシフト

◆ 地域主体の水力発電への転換

（1）地域密着型の事業スキーム [2)〜4)]

　我が国の水力発電事業の推進に向け，水力発電事業主体が地域活動の外部にあり，外部から“果実”が交付されるといった従来の形態にこだわらず，自治体や地域住民が主体的に水力発電事業にかかわることで，地元資源を活用したエネルギー供給への責任と“果実”の共有意識が事業者と地域の双方に醸成されることが期待される。

　電力事業に自治体が積極的に出資して民間経営事業体を形成することで，固定価格買取制度（FIT）などを活用したエネルギー事業で得た収益を利用して，地域に必要なインフラサービスを提供し，地域の公共交通サービスなど単独では不採算の事業も取り込みつつ，事業全体の黒字を確保することで，地域に必要とされる各種サービスの持続可能性を担保できる。

　これを具体化させるためには，既存施設の水利権更新時や新規（再開発）事業開始時に，自治体が事業に積極的に参画できる枠組みを創設することが重要である。

　ドイツには，シュタットベルケ（Stadtwerke）と呼ばれる組織がある（**図3.5-5**）。これは，地域における公共サービスを提供する公益企業であり，電気・ガスなどのエネルギー供給を中心として水道・交通などの公共性の高いインフラを自治体が整備・運営するものである。

　シュタットベルケは，電力自由化やFITを背景に，安定した収益の確保を実現しているといわれている。我が国では，電力自由化の取り組みは1995年（平成7年）の電気事業法改正を契機として始められ，既に20年以上経過している。2012年（平成24年）にスタートしたFITも広く活用が進むなど，我が国においても地域が主体となった電力事業の実行が可能な環境が整いつつあるといえる。

　加えて，シュタットベルケは，外部の電力事業会社から電力を購入するよりも，“地域資源の活用”“地域雇用の創出”という点で地元に貢献し，より多くの地元への資金還流が見込まれることを，市民が理解し支持を得ている。我が国では，“地域再生”が大きな課題であり，国を挙げてさまざまな支援が始められているところであるが，その主な目的は“地域経済の活性化”“地域における雇用機会の創出”“地域の活力再生の総合的かつ効果的推進”であり，シュタット

133

3 章　水力発電の未来に向けて

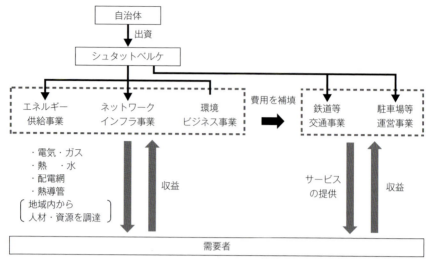

図 3.5-5　シュタットベルケの事業例

(出典:「地方創生とエネルギー自由化で立ち上がる地域エネルギー事業—ドイツ・シュタットベルケからの示唆と地域経済への効果—」JRI レビュー, Vol.7, No.26, 2015)

ベルケの効用とも整合する。

　我が国でも，シュタットベルケに着目した支援団体が組織されるなど，近年シュタットベルケに対する注目が高まりつつある。今後は，このような仕組みや社会的な流れを逸することなく，地域密着型の水力発電の普及を通じて，国内版シュタットベルケが構築されることを期待する。

(2) 地域が主体となる事業スキーム

　河川，ダムへの指定管理者制度の導入については，2004 年（平成 16 年）3 月 26 日付け「指定管理者制度による河川の管理について」が，国土交通省河川局水政課長，河川環境課長および治水課長連名で通達として発出された。

　この中で「指定管理者が行うことができる河川の管理の範囲は行政判断を伴う事務（災害対応，計画策定および工事発注等）および行政権の行使に伴う事務（占用許可，監督処分等）以外の事務（①河川の清掃，②河川の除草，③軽微な補修（階段，手摺り，スロープ等河川の利用に資するものに限る），④ダム等の管理・運営等）であること」と定めている。

5節 水力発電のパラダイムシフト

　以上を踏まえると，「ダム等の管理・運営等」に指定管理者制度の導入が可能であるが，ダムの管理・運営等への適用事例はまだないのが実情である。なお，河川の維持管理に本制度を適用しているものとして，北海道の清里町および大空町での事例 [5]〜[7] があげられる。

　本制度は地方自治法の下に設けられた制度であるため，補助ダム（地方自治体が国の補助を受けて設置したダム）に適用可能な制度である（国が自ら設置した直轄ダムへの適用は直ちに可能というわけではない）。

　ダムの未利用エネルギーを活用して管理用発電に資するために指定管理者制度を適用する場合，事業の調査・計画と施設の設計・建設はダム管理者で行い，管理・運営を指定管理者が行うスキームが考えられる。

　このスキームでは管理運営を地元の団体や企業に任せることができ，売電益により地元振興を図ることも可能である。また，発電施設の建設までダム管理者が行うことにより，指定管理者の初期費用はかなり軽減されるほか，調査，設計，計画段階でのノウハウや技術も指定管理者には必要でない。

　さらに指定管理者は運営段階での維持補修等は第三者の専門業者に委託することにより，指定管理者は運用時の電気事業者としてのマネジメントのみに専念すればよいことになる。

《参考引用文献》

1）IEA 水力実施協定 HP「好事例報告書集」
　　https：//www.nef.or.jp/ieahydro/contents/pdf/a2/20171228/A2_STA5_A2_Part2.pdf
2）資源エネルギー庁 HP「水力発電に関する助成策 電源三法交付金制度（地元向け）」
　　http：//www.enecho.meti.go.jp/category/electricity_and_gas/electric/hydroelectric/support_living/effort002/
3）日経 BP HP「ニュース」2017 年 9 月 12 日
　　http：//www.nikkeibp.co.jp/atcl/tk/PPP/news/091100447/
4）松井英章「電力自由化と地域エネルギー事業—ドイツの先行事例に学ぶ」JRI レビュー，第 9 巻第 10 号，2013 年 9 月
　　https：//www.jri.co.jp/MediaLibrary/file/report/jrireview/pdf/7041.pdf
5）国土交通省総合政策局「公共施設管理における包括的民間委託の導入事例集」事例 -44，2014.7
6）清里町 HP「指定管理者制度について」
　　http://www.town.kiyosato.hokkaido.jp/gyousei/shiteikanri_machidukuri/shiteikanrisyaseido.html

3章 水力発電の未来に向けて

7) 清里町 HP「清里町公の施設に係る指定管理者の指定手続等に関する条例」2004年 10 月

http：//www.town.kiyosato.hokkaido.jp/gyousei/shiteikanri_machidukuri/files/
shiteitetudukinikannsuruzyourei.pdf

トライアル 「グラハム・ベルの予言」の社会実装に向けて

　国土の 64.7 % を占める中山間農業地域は，平野の外縁部から山間地に位置し，水源涵養など国土保全に重要な役割を担っている（**表1**）。中山間農業地域には，総人口の 13.2 % が居住しているが，65 歳以上の人口割合が 33.3 % を占めている。このため，将来の高齢化や過疎化が懸念されており，この地域に居住する住民の生活サービスや利便性の維持を図ることが重要な課題である。

　一方，我が国における小水力発電（ここでは最大出力 1 000 kW 未満）の導入ポテンシャルについて 5 681 千 kW という調査結果があり，このうち，4 469 千kW（78.7%）が中山間農業地域に立地していると推定される（**表2**）。

　かつて，電話機の発明で有名なグラハム・ベルが来日した際，日本の豊富な水資源を用いた水力発電の可能性，さらにはこれを用いた電気自動車の可能性にまで言及したといわれている（1章1節 水力発電の歴史的背景「日本の気象や地形的特徴」参照）。ここでは，グラハム・ベルの先見性に敬意を払うとともに，中山間農業地域に生活する人々と小水力発電を有機的につなぎ，住民の生活に役立つアイディアを考えていきたい。

表1 各地域区分の面積・人口・構成年齢

農業地域類型		面積（km²）	人口（人）	構成年齢*（人）		
				0-14 歳	15-64 歳	65 歳以上
都市的地域		92 609 (24.8 %)	103 610 352 (81.5 %)	13 107 957 (12.7 %)	63 230 063 (61.0 %)	25 891 394 (25.0 %)
平地農業地域		39 164 (10.5 %)	6 661 630 (5.2 %)	826 920 (12.4 %)	3 851 739 (57.8 %)	1 960 942 (29.4 %)
中山間農業地域		241 180 (64.7 %)	16 838 065 (13.2 %)	1 951 933 (11.6 %)	9 206 934 (54.7 %)	5 613 105 (33.3 %)
	中間農業地域	133 380 (35.8 %)	13 410 213 (10.6 %)	1 586 531 (11.8 %)	7 408 527 (55.2 %)	4 356 719 (32.5 %)
	山間農業地域	107 800 (28.9 %)	3 427 852 (2.7 %)	365 402 (10.7 %)	1 798 407 (52.5 %)	1 256 386 (36.7 %)
計		372 952 (100 %)	127 110 047 (100 %)	15 886 810 (100 %)	76 288 736 (100 %)	33 465 441 (100 %)

＊年齢不詳を除く　　　　　　　　　　　　　　　　　（出典：総務省「平成 27 年国勢調査」[1]）

5 節 水力発電のパラダイムシフト

表2 中小水力の導入ポテンシャルの地域分布 (千 kW)

農業地域類型		全出力	出力 1 000 kW 未満 ※2
		導入ポテンシャル	導入ポテンシャル
都市的地域		1 571	990
平地農業地域		331	209
中山間農業地域		7 094	4 469
	中間農業地域	3 538	2 229
	山間農業地域	3 556	2 240
計 ※1		9 014	5 681

※1 農業地域類型の区分毎ごとの出力は，小数点以下切り捨てで算出しているため合計値と差あり
※2 全出力に対する出力 1 000 kW 未満の割合 63 %
(出典：環境省「再生可能エネルギー導入ポテンシャルマップ（平成 28 年度更新版）」[2])

　日本に住んでいれば，山合いに位置する中山間農業地域に誰しも一度は訪れたことがあるだろう。そして，このような地域に暮らすうえでは，自動車がなければ生活が不便となることも容易に想像できるだろう。

　しかし，少子高齢化が進み，人口も少なくなってしまった中山間農業地域では，自動車の維持に必須のガソリンスタンドが閉店してしまい，遠くの隣町まで給油に行かなければならなくなってしまった地域も少なくない。自動車の管理がすこぶる困難になってしまっている。

　このような状況の中，従来の化石燃料によらない電気自動車の実用化が始まっている。ここで中山間農業地域のポテンシャルが生きてくる。つまり，中山間農業地域の河川勾配を有効活用した水路式の小水力発電の可能性が考えられる。中山間農業地域で小水力発電所を起こし，これを来るべき電気自動車社会の EV 充電スタンド化することで，地域の貴重なインフラとすることができる。

　仮に，小水力開発で EV 車の充電スタンドを設置した場合，どの程度電力を賄うか試算した結果を以下に示すが，包蔵水力（導入ポテンシャル）を全て開発した場合，中山間農業地域の人が EV 車で使用する電力の 100 ％以上を賄うことが可能であると想定される（表3）。

　時代は，AI・IoT・ロボットなどの技術が牽引する「第 4 次産業革命」の入り口といわれている。中山間農業地域で，自動運転電気自動車が小水力発電による EV 充電スタンドで充電し，地域住民の生活の脚となる日も近いかもしれない。

　なお，試算は，下記の仮定のもと行った。

＜仮定＞

◎　使用電力量：中山間農業地域の人口のうち 3 人に 1 台，1 日平均 40 km 走行すると仮定して算出

◎　発電電力量：中山間農業地域の小水力ポテンシャルから，最大発電可能電力量の 6 割，1 日 10 時間が充電可能な時間として算出

3章 水力発電の未来に向けて

表3 EV車充電スタンド設置の試算結果

地域	中山間農業地域	備　考
人口（人）①	16 838 065	
車使用数（台）②	5 612 688	3人に1台と仮定 ① ×1/3
日平均走行距離（km）③	224 507 520	1日平均40 km走行と仮定 ② ×40
EV車消費電力（kWh/ 日）④	22 450 752	EV車は10 km/kWhと仮定 ③ /10
小水力ポテンシャル（kW）⑤	4 469 220	**表2**参照
使用可能電力量ポテンシャル（kWh/ 日）⑥	26 815 320	発電電力量は最大発電可能電力量の6割，充電に使用可能な時間10 h/ 日と仮定 ⑤ ×10×0.6

《参考引用文献》

1）総務省「平成27年国勢調査」

2）環境省「再生可能エネルギー導入ポテンシャルマップ（平成28年度更新版）」

あ と が き

　本書は，東日本大震災後の全国的な原子力発電所の発電停止の一方で，温暖化対策として再生可能エネルギーの役割拡大が大きく期待されるなかで，ともすれば，太陽光や風力のみに世の中の関心が集まり，国産エネルギーでかつ日本の地形・水文環境に適した水力発電が，国民にとって，水や空気のように，あって当たり前で，その価値や将来の可能性を実感できる機会が失われていることに対する危機感から生まれたものである。

　そのために本書では，①水力発電の歴史的な役割，②近年の再生可能エネルギー増大のなかで見直されるべき役割，③水力発電を増大させる方式とその可能性，④大規模水力発電の課題である環境影響軽減の可能性，⑤新しい貢献可能性としての洪水軽減，⑥地方活性化の切り札としての小水力の可能性，⑦今後の高度利用技術としての気象情報の活用，⑧堤体嵩上げなどのダム再生技術の活用，⑨長期的課題としての気候変動への適応策，最後に，⑩水力発電のさらなる拡大に向けた新しいパラダイムの提案，を全体3章（過去，現在，未来）に分けて解説を行った。

　本書の冒頭には，本書の各項目への誘導として，「水力発電の恵みを次世代に引き継ぐための3つの課題と10の解決策」を整理し，その趣旨を読者に端的にご理解いただくための手引きとした。また，日本という広い国土の中で，皆さんの地域の特性に着目して水力発電の現状と今後の可能性を読み取っていただくためのいくつかのマップを提示させていただいた。

　今後の水力発電の推進のためには，国レベルでの啓蒙活動と財政的支援制度の創出，地方レベルでの情報提供や経験・技術の支援の両輪が重要である。日本のエネルギー政策は経済産業省資源エネルギー庁を中心に立案され，（一財）新エネルギー財団に設置された新エネルギー産業会議の提言などが出されているが，再生可能エネルギーとしての水力発電の位置づけ，さらには，ダム式や水路式の一般水力や，調整能力として重要な揚水式発電を広く国民に啓蒙し推進する体制は必ずしも十分ではない。今後，既存ダムの有効活用を含めた水力発電を国をあげて推進するためには，欧米諸国での取り組みも参考に，水力発

あとがき

電に特化した推進体制の構築が求められる。

米国エネルギー省では，風力／水力エネルギー課が設定され，今後の水力推進の方向性として，2030 年までに水力発電量を既存の 2 倍に拡大させるために「Hydropower Vision」が策定され，これを実現させるために以下の 4 つの政策が打ち出されている。

① Non-powered dam：発電設備の設置されていないダムへの発電機能の導入
② Conduit（水路）：農業系や上水系などの既存水路への発電機能の導入
③ New dam：Greenfield（グリーンフィールド）として，未開発の河川の発電ポテンシャルの評価と利用促進
④ Pumped-storage：不安定な太陽光や風力などの再生可能エネルギーと揚水発電を連携させて再生可能エネルギーのハイブリッド化

米国では，これをサポートすべく，「Hydro Vision International (HVI)」や「National Hydropower Association (NHA)」が活動している。HVI は，世界中の水力発電専門家の最大の集まりである水力発電に焦点を当てた国際会議で，広範な会議プログラムと展示会を毎年 1 週間にわたって開催しており，世界中から 3 000 人以上の出席者と 320 以上の企業がさまざまな水力発電に関する技術情報の交換を行っている。一方，NHA は，米国における水力発電を推進するための非営利団体 (NPO) であり，200 以上の水力関係の企業などによる支援を得て，政策立案者，一般市民，国際社会の間で強力な支持を得るための活動を推進している。メンバーには，公的投資家と投資家所有の公益事業，独立した電力生産者，開発者，製造業者，環境コンサルタント，弁護士，公共政策，アウトリーチ，教育専門家などが含まれ，HVI で展示を展開したり（**写真1**），水力発電のメリットと将来の展望を世の中に示す各種メディア用の資料を作成・公開しており，いわば官民をあげて水力発電を推進する体制を構築している。（http://www.hydro.org/）

我が国においても，本書で目指した水力発電の価値を広く国民に普及啓蒙する活動や，これを実現すべく官民それぞれが主導的立場で水力の開発を行う環境整備，ハイブリッド発電施設のような新たな技術革新を学際的に生み出すことが強く望まれる。2018 年に設立された NPO 法人「水力開発研究所 (HDRI) http://www.hdri.jp/」は，環境調和型水力開発モデルの構築や水力の価値評価に係る調査研究と情報発信を進めており，こうした活動は貴重である。さらに，

あとがき

京都大学では，HDRI の支援を受けて水力発電をテーマとする大学院学生対象のグループ研修（キャップストーンプロジェクト）を開始しており，こうした活動が広く国民的関心と支持を受けることを期待したい（**写真 2**）。

写真 1　Hydro Vision International における National Hydropower Association（NHA）の展示ブース

写真 2　京都大学大学院学生を対象としたキャップストーンプロジェクト活動の様子

用 語 集

▶ **一次エネルギー**

天然ガスや石油，石炭などの化石燃料，原子力，水力などの自然から取られたままの物質を源としたエネルギーのこと。なお，一次エネルギーを転換・加工して得られる石油製品，電気，都市ガス，製鉄用コークスなどを二次エネルギーという。

▶ **一級河川**

河川法において，国土保全上または国民経済上特に重要な水系で，政令で指定したもの（一級水系）に係る河川（公共の水流および水面をいう）で国土交通大臣が指定したものをいう。

なお，一級水系以外の水系で公共の利害に重要な関係のあるもの（二級水系）に係る河川で都道府県知事が指定したものを二級河川，一級河川および二級河川以外の法定外河川のうち市町村長が指定したものを準用河川という。

▶ **エネルギーセキュリティー**

政治，経済，社会情勢の変化に過度に左右されずに，国民生活に支障を与えない量を適正な価格で安定的に供給できるように，エネルギーを確保すること。

▶ **遅らせ操作**

ダムを設置したことにより洪水の到達時間が早くなることを防ぐため，ダムへの流入量を一定時間遅らせて放流すること。

▶ **オールサーチャージ方式**

ダムで洪水調節を行う際に，常時満水位からサーチャージ水位までの容量を年間を通して使用する方式。

▶ **確保水位**

複数の利水目的を持つダムで，特定の目的のための水利用に支障を与えないために確保する水位。水力発電を行うダムで，水道やかんがいなど発電以外の利水目的を保護するために設定されることがある。当該水位によって確保される容量を，確保容量という。

▶ **火主水従**

水力発電の建設が進んだ結果，適地が減少するなかで，急増する電力需要を賄うため，水力発電所より建設費が安く，また比較的短期間に建設できる火力発電所の建設を進めたことで，ベースロードを火力が担い，変動分を水力がカバーする体制に移行した電源構成のこと。

大容量火力発電所の開発が急ピッチで進められた結果，1962年（昭和37年）には火力発電設備が水力発電設備を上回り，1911年（明治44年）から続いていた水主火従は火主水従に転換された。

用 語 集

▶ 河川維持流量

河川には一定の流量がなければ河川環境，河川利用，河川管理などに支障が生じることになる。そこで，舟運，漁業，景観，塩害の防止，河川管理施設の保護などを総合的に考慮し，渇水時においても維持すべき流量条件が定められており，これを河川維持流量と呼ぶ。維持用水，または河川維持用水と呼ぶこともある。

▶ 河川法

河川法は河川の適正な管理や利用等を目的とした法律である。1896年（明治29年）に旧河川法が制定されたが，この時点では主に治水を対象としたものであった。発電を含む利水が目的と位置づけられたのは，1964年（昭和39年）に制定された新河川法と呼ばれる現在の河川法である。

その後，1997年（平成9年）に河川環境の維持・保全が目的の一つとして取り入れる形で改正されている。河川水の利用（発電利用等を含む）については，河川法第23条（流水の占用の許可）において規定されている。その他水力発電に関連する主な条文として第24条（土地の占用），第26条（工作物の新設等）が挙げられる。

▶ 管理水位

発電を含む多目的ダムや利水ダムでは，洪水時の操作の遅れによる水位上昇を考慮し，ダムの計画上の運用水位に対して数m程度低い水位を設定して運用しているダムが多い。

このように設定された水位を一般的に管理水位と呼ぶ。

▶ グリーン電力

グリーン電力とは，太陽光・風力・バイオマス・水力・地熱等再生可能エネルギーによって発電された電気のこと。

グリーン電力証書制度は，自然エネルギーを広く普及拡大すること，および自らは発電設備を持たないエネルギーの需要家が，自然エネルギーの利用を通した環境貢献とエネルギーの選択を可能にすることを目的とした仕組みとしてグリーン電力証書制度がある。

自然エネルギーにより発電された電気の持つグリーン電力価値（省エネルギー・CO_2排出削減の価値）の購入を希望する需要家が一定のプレミアムを支払うことにより，電気自体とは切り離されたグリーン電力価値を証書等の形で保有し，その事実を広く社会に向けて公表できる。

▶ 系統（電力系統）

発電や送電，あるいは変電や配電のために使う電力設備がつながって構成するシステム全体のこと。

▶ 固定価格買取制度（FIT）

「再生可能エネルギーの固定価格買取制度（FIT：Feed-in Tariff）」は，「電気事業者による再生可能エネルギー電気の調達に関する特別措置法」（平成24年7月施行，平成28年6月改正）により，再

143

用 語 集

生可能エネルギーで発電した電気を，一定期間・一定価格で電気事業者が買い取ることを義務づける制度。

電力会社が買い取る費用の一部を電気利用者から賦課金という形で集める。コストの高い再生可能エネルギー導入の促進を目指すものである。

この制度により，発電設備の高い建設コストも回収の見通しが立ちやすくなり，より普及が進むと考えられている。水力発電については，最大出力 30 000 kW 未満の中小水力発電が対象となっている。

▶ 再生可能エネルギー

「エネルギー供給事業者による非化石エネルギー源の利用及び化石エネルギー原料の有効な利用の促進に関する法律（エネルギー供給構造高度化法）」において，「再生可能エネルギー源」は，「太陽光，風力その他非化石エネルギー源のうち，エネルギー源として永続的に利用することができると認められるものとして政令で定めるもの」と定義されている。また，政令において，太陽光・風力・水力・地熱・太陽熱・大気中の熱その他の自然界に存在する熱・バイオマスが定められている。

▶ シュタットベルケ

ドイツにおける電力，ガス，水道，公共交通等，地域に密着したインフラサービスを提供する公益事業体のこと。

▶ 出力制御

電力会社が発電設備の出力を停止または減らすなどしてコントロールすること。

電気は生産（発電）と消費が同時並行的に行われ，基本的に貯めることができないため，刻々と変動している電力消費量に合わせて供給する電力量を常に一致させ続ける必要がある。

電力会社は，需要に対して供給が多すぎる場合，出力の変更が比較的容易な火力発電の出力制御により，供給量を絞り込む。それでも供給が需要に対して多くなりすぎることが見込まれる場合は，再生可能エネルギーの出力制御を行う場合もある。

▶ 出力・電力量

出力（または電力）とは，単位時間に電流がする仕事率を表す。

水力発電で利用するエネルギーは，流量 $Q(\mathrm{m^3/s})$ と落差 $H(\mathrm{m})$ の積で求められ，これに水車の効率 η_t および発電機の効率 η_g を乗じたものを発電力（発電機出力）という。

$$P = Wo \times Q \times H \times \eta_t \times \eta_g$$
$$(Wo：水の単位体積重量)$$
$$= 1\,000 \times Q \times H \times \eta_t \times \eta_g\,(\mathrm{kgf \cdot m/s})$$
$$= 1\,000 \times 9.8 \times Q \times H \times \eta_t \times \eta_g\,(\mathrm{J/s})$$
$$= 1\,000 \times 9.8 \times Q \times H \times \eta_t \times \eta_g\,(\mathrm{W})$$
$$= 9.8 \times Q \times H \times \eta_t \times \eta_g\,(\mathrm{kW})$$

単位は W（ワット）であり，1 000 を表す接尾語の k を組合せて kW（キロワット），大規模発電では MW（メガワット $= 10^6$ W）や GW（ギガワット $= 10^9$ W）などとも表される。

一方，電力量とは一定時間に発電，消費

した電力の量を表す仕事で，1 kW の電気を 1 h 使用した量を 1 kWh（キロワットアワー）と表す。

日本の 1 世帯あたりで使用される電力量は 1 か月あたり 300 kWh 程度である。

▶ 指定管理者制度

指定管理者制度は，住民の福祉を増進する目的をもってその利用に供するための施設である公の施設について，民間事業者等が有するノウハウを活用することにより，住民サービスの質の向上を図っていく制度。

施設の設置目的を効果的に達成するため，2003 年（平成 15 年）9 月に設けられた。

▶ 小水力発電

厳密な定義はないが，最大出力に着目し 30 000 kW 未満を中小水力発電，そのうち 10 000 kW 未満を小水力発電などと諸機関より紹介されている。

▶ 従属発電

既に水利使用の許可を受けて取水している農業用水やダム等から放流される流水を利用し水力発電を行うもの。河川に新たな減水区間が発生しない。

▶ 事前放流

大規模な洪水が想定される場合に，ダムの利水容量の一部を洪水の発生前に放流し，洪水調節のための容量を一時的に増やす操作のこと。

利水容量の一部を放流することになるが，

放流後に想定どおりに雨が降って放流量に見合った流入があれば利水に支障はなく，一方で治水機能が増大することになり，ダムの機能をより効果的に発揮させる方式。

運用にあたっては精度の高い降雨の予測が必要である。

▶ 新エネルギー利用等の促進に関する特別措置法（RPS 法）

RPS 制度（Renewables Portfolio Standard）は，エネルギーの安定的かつ適切な供給を確保するため，電気事業者に対して毎年，その販売電力量 に応じた一定割合以上の新エネルギー等から発電される電気の利用を義務づけ，さらなる普及を図るもの。

電気事業者は，義務を履行するため，自ら新エネルギー等により電気を発電する，もしくは，ほかから新エネルギー等電気を購入する，または，新エネルギー等電気相当量を取得することとなる。

水力発電の場合，出力 1 000 kW 以下で水路式およびダム式の従属発電である水力発電が対象である。

「電気事業者による再生可能エネルギー電気の調達に関する特別措置法」の施行（2012 年（平成 24 年）7 月）に伴い廃止された。

▶ 水力発電の価値

水力発電は，多面的な価値を有することが明らかにされている。

第一の価値は電力価値で，水力発電が経

用 語 集

済性および電力品質に優れていることを意味する。すなわち，水力発電の発電原価がほかの発電方式のそれに比べて安価であり，さらに，水力発電は，太陽光発電や風力発電とは異なり，安定した電圧・周波数で持続的に発電することが可能である。

第二の価値は環境価値で，水力発電の環境負荷が小さいことを意味する。すなわち，水力発電により発生する温室効果ガス（CO_2），大気汚染物質（SO_2，NO_2）の排出量が火力発電のそれに比べて非常に小さい。

第三の価値は社会的価値で，水力発電が地域の経済・産業の活性化や環境・防災機能の改善に対して効果を有することを意味するものである。

▶ 水力発電の分類（構造面）

水力発電は，落差を生じさせる施設構造面から，水力発電は以下のように分類される。

水路式：川の上流に堰を設けて取水し，落差が得られる地点まで導水し発電する方式。流れ込み式と組み合わせる場合が多い。

ダム式：高いダムを築造して水を貯め，落差を利用して発電する方式。調整池式・貯水池式と組み合わせる場合が多い。

ダム水路式：水路式とダム式と組み合わせた方式。調整池式・貯水池式と組合せる場合が多く，揚水式もこの一つである。

▶ 水力発電の分類（運用面）

水の運用の面からは，水力発電は以下のように分類される。

流れ込み式：河川を流れる水を貯めずにそのまま発電に利用する方式。水量変化により発電量が変動する可能性がある。1日の電力供給のうち，ベースロード電源（既設や天候や昼夜を問わず一定量の電力を安定的に供給する電源）として利用される。

調整池式：取水ダムや調整池により水量を調節して発電する方式。1日あるいは数日間の発電量をコントロールすることができる。

貯水池式：水量が多く，電力消費が少ない春期などに水を貯め，電力需要の多い夏期や冬期に電力を供給するような年間運用を行う発電方式。揚水式と同様，需要に合わせた電源として利用される。

揚水式：→揚水式発電を参照のこと。

▶ 水主火従

水力発電が発電方式の主流で，これがベースロードを担い，火力発電がピーク時の不足分をカバーする電源構成のこと。

▶ 水撃圧・サージタンク

管路を水流が高速で流れているとき，バルブが急速に閉められると水流が止まり，水流が持っている大きな速度水頭はベルヌーイの定理により圧力水頭に変換されるが，このとき水の圧縮性を無視できない場合がある。

貯水池から流入していた高速の水流が停止した場合，バルブ部で生じた圧縮波(疎密波)は管路上流に向かって伝播し，上流の管路入口で負の圧縮波として反射され，この反射波はバルブ部で正の圧縮波となってまた上流に向かって伝播するという脈動現象を繰り返す。このような現象を水撃作用(Water hammer)と呼び，圧力上昇を水撃圧と呼ぶ。家庭でも水道の栓を急激に閉じた場合に"ドン"という音が聞こえる場合があるが，これは水撃作用である。

水撃圧によって管が変形したり，場合によっては破裂する危険性がある。水力発電所の高圧鉄管では，鉄管の周りに鋼鉄製のリングが付けられているのを見かけるが，これは水撃圧から管路を保護するためのものである。

水撃圧によって圧力トンネルが破壊されないよう，圧力トンネルと高圧鉄管の接合部にサージタンク(調圧水槽，**下図参照**)を設けてここで水撃圧を吸収，反射させている。

▶ 制限水位方式

洪水期(夏期)にダムで洪水調節を行う際に，洪水期制限水位からサーチャージ水位までの容量を使用する方式。
限られたダム貯水池の容量を有効に利用するため，季節に応じて貯水池容量の配分を変えて運用しているダムがこれに該当する。

▶ 正常流量

河川の流水の正常な機能の維持に必要な流量のこと。これは，河川維持流量と下流の水利権に対応した水利流量の双方を満足するものとして定められている。
この流量を下回ると，河川環境が悪化したり，水利権者が取水できないといった何らかの支障が生じることになる。したがって，異常渇水時を除いてこの流量を下回ることがないよう計画するのが原則となる。

▶ 設備利用率

発電設備が年間を通じて事故や保守管理などによる停止がないとした場合に発電可能な年間の電力量(年間可能発電電力量)と，発電設備が年間を通じて最大出力で運転すると仮定した場合の電力量との比率であり，以下の計算式で算定される。

$$設備利用率(\%) = \frac{年間可能発電電力量(kWh)}{最大出力(kW) \times 8\,760\,h} \times 100$$

再生可能エネルギーの設備利用率は，太陽光発電は12％程度，風力発電は20〜30％程度であるのに対し，水力発電は45〜60％程度と比較的高く，発電設備が最も有効に活用されているといえる。

▶ 総合土砂管理

山地から海岸まで土砂が移動する場全体を「流砂系」という概念で捉え，流砂系

用 語 集

一貫として，総合的に土砂移動を把握し，土砂移動に関する問題に対して，必要な対策を講じること。

▶ 装置産業
十分な装置や設備を整えればそれだけで一定の成果・収益が期待できる産業。一般に，装置産業は初期投資として大規模な投資を必要とするため，一度黒字に転換するとそのまま黒字のまま，赤字転落すると持ち直せず赤字のまま推移する事例が多い。

水力発電所においても，建設資金を借入金で賄ったような場合，発電量が予想していたよりも少なければ，借入の元本返済や金利支払いなども滞ることとなり，手元資金が短期間にショートする危険性がある。逆に収益性が良く高い利益を出せた場合には，返済を前倒しし利益率が上昇するという特徴を持つ。

▶ 堆砂率
貯水池へ流入した土砂が貯水池内に堆積することを堆砂という。堆砂率は堆砂量を計画堆砂量で除した割合のこと。

計画堆砂量を超えて堆砂が進行すると，治水や利水の機能が計画どおりに果たせなくなる可能性がある。

▶ ダム管理用発電
ダムの目的に発電を含まないダムで，水力エネルギーを有効活用し，ダム管理用電力として自前で供給できるよう，ダム事業者自ら水力発電を行うこと。

国土交通省では発電未参加ダムについてその包蔵するエネルギーの有効利用を図るため，1981年度（昭和56年度）より「ダムエネルギー適正利用化事業」が創設され，その事業の一環として「ダム管理用水力発電設備設置事業」が認められている。ダム管理に消費した電力以外の余った電力は，一般的に売電される。

▶ ダム水路主任技術者
ダム水路主任技術者は，電気事業法に基づき，水力発電所の設備（ダム，導水路，サージタンクおよび水圧管路等）の工事，維持および運用に係る保安の監督を行う者であり，安全の確保および電力の安定供給を図るのが目的の資格。

▶ ダム再生
流域の特性や課題に応じ，ソフト・ハード対策の両面から，既設ダムの長寿命化，効率的かつ高度なダム機能の維持，治水・利水・環境機能の回復・向上，地域振興への寄与などの既設ダムの有効活用を行うこと。

国土交通省では，既設ダムを運用しながら有効活用する「ダム再生」をより一層推進する方策を示す「ダム再生ビジョン」を2017年（平成29年）6月にとりまとめた。

▶ ダム貯水池の運用水位
① 最低水位
貯水池からの取水口の最低敷高で通常これよりも下の貯留水が利用できない水位。

用 語 集

② 平常時最高水位

ダムの利水目的（かんがい用水，上水道用水，工業用水，発電など）に使用するために，貯水池に貯めることができる最高水位。貯水池の水位は，渇水と洪水のとき以外は常時この水位に保つことを基本に運用される。常時満水位とも呼ぶ。

③ 洪水貯留準備水位

洪水調節を目的とするダムの中には，洪水期に洪水調節のための容量を大きくとるために，洪水期に限って平常時最高水位よりも水位を低下させる方式（→制限水位方式を参照）を採用するダムがある。このような場合に，洪水期の非洪水時に超えてはならないものとして設定されている水位を洪水貯留準備水位といい，常時満水位より下方にある。夏期制限水位，あるいは洪水期制限水位とも呼ぶ。

④ 洪水時最高水位

洪水時，一時的に貯水池に貯めることができる最高の水位。サーチャージ水位とも呼ぶ。

⑤ 設計洪水位

想定される最大の洪水（例えば 200 年に 1 回程度）が発生したときの最大流入量をダム設計洪水流量といい，そのときの貯水池の水位を設計洪水位という。

ダムの安全性を確保するうえでの最高水位。

▶ ダム貯水池の容量

① 総貯水容量

堆砂容量，死水容量，利水容量，洪水調節容量を合計したもの。

② 有効貯水容量

ダムの総貯水容量から堆砂容量と死水容量を除いた容量。

③ 洪水調節容量

平常時最高水位から洪水時最高水位までの容量。

④ 利水容量

最低水位から常時満水位までの容量。利水容量はさらに利水目的に応じた容量に分割される。

⑤ 死水容量

発電ダム等で堆砂容量の最上面と最低水位が合致しない場合のその間の容量。

⑥ 堆砂容量（計画堆砂容量）

ダムの供用期間（一般には 100 年間）にダム貯水池に堆積すると予想される流入土砂を貯めるための容量。

▶ ダムの治水機能

ダムなどに洪水を貯めて下流の川の水量を減らすこと。

ダムは，放流量をコントロールしながら貯水池に洪水の一部を貯め，それにより下流域の水量を減らし，洪水被害を軽減する。これがダムの治水機能である。

ダムによる洪水調節は，ダム貯水池に貯められる範囲で可能なもので，想定を大きく超えるような洪水の際のように，ダムが満水となってこれ以上貯めることができなくなったときには，流入量と放流量が同じになるような操作を行う。

▶ ダムの利水機能

かんがい用水，上水道用水，工業用水，

149

用 語 集

河川維持用水，発電などのために水を利用すること。

いずれも，水を貯水池に貯留し必要なときに放流することによって，下流の諸々の用水需要に応えるものである。

▶ 弾力的運用（弾力的管理）

ダムの洪水調節に支障を及ぼさない範囲で，洪水調節容量の一部に流水を貯留し，これを適切に放流することにより，ダム下流の河川環境の保全，改善を図る運用のこと。

▶ 電気主任技術者

電気主任技術者は，電気事業法に基づき，電気工作物の安全確保のため，電気工作物の工事，維持，運用に関する保安の監督を行う者であり，事業用電気工作物の設置者は，電気主任技術者を選任することが義務づけられている。

▶ 電気事業法

電気事業の適正かつ合理的な運営や電気工作物の工事・維持・運用の規制による公共の安全の確保や環境の保全を図ることを目的とした法律であり、1964年(昭和39年)に制定された。

▶ 電源三法

長期的な電力の安定供給のためには，発電用の用地を確保し，発電所の立地を円滑に進める必要がある。

電源三法は，電源開発促進税法，特別会計法に関する法律（旧電源開発促進対策特別会計法），発電用施設周辺地域整備法の総称である。同法は，発電用施設周辺の公共施設整備の促進・地域住民の福祉向上により，電源立地のメリットを地元に還元することで発電用施設の立地を促進する目的で，1974年（昭和49年）に制定されたものである。

電力会社から販売電力量に応じ税を徴収し，これを歳入とする特別会計を設け，この特別会計からの交付金等で発電所立地地域の基盤整備や産業振興を図る仕組みとなっている。

▶ 発電ガイドライン

正式名称：「発電水利権の期間更新時における河川維持流量の確保について」（1988年（昭和63年）7月）河川局水政課長・開発課長通知，「同」水利課長補佐・開発課専門官事務連絡

水力発電においては，取水地点（または貯水池）から放流地点までの間，河川の流水量が減少することとなるが，河川環境維持の観点から，対象となる発電所については，河川ごとの流況に応じて一定の水量（河川維持流量）を放流することが求められる。

河川維持流量の大きさについては，発電取水口等における集水面積 $100 \ km^2$ あたり概ね $0.1 \sim 0.3 \ m^3/s$ 程度とされている。

▶ 発電水力調査

恵まれた水資源を有効に使うため，古くから行われてきた水力発電に適した場所

用 語 集

の全国的な調査のこと。この調査は，国を中心に1910年（明治43年）の第1回以降，その時々の社会的ニーズに合わせ計5回行なわれ，将来開発可能な有望地点の把握に役立てられてきた。

▶ 発電密度

発電による電気エネルギーへのエネルギー変換の効率性の指標の一つで，供給される電力量を，発電のための設備として使用されている土地面積で除算した値。我が国では，水力発電はほかの発電方式に比して土地の利用面積はやや大きいが，発電密度は太陽光発電や風力発電に劣っていない。特に，発電を主たる目的とする大規模ダムでは，ほかの発電方式に比して2倍程度の値となっており，土地利用の観点からも，水力発電はエネルギーを効率的に利用することが可能といえる。

▶ ブラックアウト

需給のアンバランスからくる「系統崩壊」による広域大停電のこと。
電気は貯蔵できないので，発電量と消費量が常に一致していることが求められ，これが維持できないと電気の周波数が変動する。この周波数が0.2 Hz程度変動しただけで一部の機器には影響が出る。発電機は周波数変動に適応できるものの，需要が供給能力を上回り，周波数が1〜2 Hz程度低下すると，タービンが振動で壊れたり，巻き線が過熱して切れることのないよう，自らの身を守るため

に系統から離脱する機能を持っている。発電機が離脱すると供給力が失われるため，さらに需給のバランスが悪化して連鎖が起こり，発電機が全て系統から切り離されてしまう系統崩壊に至る。

▶ 包蔵水力

包蔵水力とは，発電水力調査により明らかとなった我が国が有する水資源のうち，技術的・経済的に利用可能な水力エネルギー量のこと。
資源エネルギー庁では，包蔵水力は，「既開発（これまでに開発された水力エネルギー）」「工事中」「未開発（今後の開発が有望な水力エネルギー）」の3つに区分している。
ただし，この包蔵水力には，既設ダムの未利用エネルギーおよび再開発ダムに伴う増電は含まれていない。

▶ 揚水発電

夜間などの電力需要の少ない時間帯に生じる余剰電力を使用して，下部貯水池（下池）から上部貯水池（上池）へ水を汲み上げておき，電力需要が大きくなる時間帯に上池から下池へ水を導き落とすことで発電する水力発電方式のこと。

▶ 予備放流方式

洪水が予想される場合に，制限水位または常時満水位に水位を保持していた場合でも，必要な洪水調節容量を確保するために貯留水を事前に放流し，一時的に一定の水位（これを予備放流水位という）ま

151

用　語　集

で下げること。予備放流により確保することができる容量を予備放流容量という。

▶ 流況

流況は川の流量の特徴のことをいい，豊水，平水，低水，渇水流量を指標とする。流況をみると，その河川の流量規模や年間の流量の変化を把握することができる。環境基準の達成目標等は，低水流量や渇水流量を目安にして計画が立てられている。

▶ 流出解析

雨が降ったとき，川にどのように水が出てくるか（時刻・量）を推定する解析のこと。

流出解析は 2 つの要素からなる。1 つは雨量と流量の資料をもとにして両者の関係を明らかにする作業で，これを狭い意味での解析と呼んでいる。モデルの同定と呼ばれることもある。

もう 1 つは，同定されたモデルを用いて任意の降雨から流量を算出する作業である。これは推定または予測と呼ばれている。

▶ 流量設備利用率と河水利用率

流量設備利用率とは，ある流量を最大使用水量とする設備（流量設備）が，年間を通じて最大使用水量で使えるとした場合の水の総量に対し，河川の変動する流量の中で実際に取水できる水の総量はどれくらいの割合かを示すもの。

図 1 のように AOBC で示す流況が取水口地点のものであり，DO を最大使用水量とする場合，

となる。

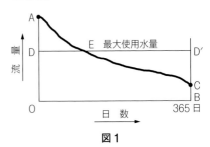

図 1

河川流量が多く年間通じて最大使用水量が流せる場合は設備がフル（100 %）に稼働するので流量設備利用率は 100 %となるが，河川流量が最大使用水量より少ないときは，その分だけ設備が利用されないこととなる。

また，河水利用率とは，取水口地点の河川流量（面積 AOBC）に対し，実際に取水し使用できる流量の合計量（面積 DOBCE）の割合を示し，次式で表される。

$$河水利用率(\%) = \frac{面積\ DOBCE\,(m^3/s - day)}{面積\ AOBC\,(m^3/s - day)} \times 100$$

用 語 集

《参考引用文献》

1) 河川法

2) 総務省 HP

3) 国土交通省 HP

4) 経済産業省・資源エネルギー庁 HP

5) 環境省 HP

6) 一般社団法人 電力土木技術協会 HP

7) 電気事業連合会 HP

8) 日本ダム協会「ダム便覧」

9) 国際環境経済研究所 HP

10) 東京電力 HP

11) 財団法人 ダム技術センター「多目的ダムの建設—平成 17 年度版」
2005 年 6 月 30 日

12) 一般財団法人 新エネルギー財団「中小水力発電ガイドブック新訂 5 版」
2002 年 2 月

13) 財団法人 ダム水源地環境整備センター『季刊誌リザバー』第 14 号,
2007 年 6 月

今こそ問う　水力発電の価値

その恵みを未来に生かすために　　　　　　　定価はカバーに表示してあります。

2019 年 11 月 5 日　1 版 1 刷発行　　　　　ISBN 978-4-7655-1866-6 C3051

監 修 者　　角　　　　哲　　　　也
　　　　　　井　　上　　素　　行
　　　　　　池　　田　　駿　　介
　　　　　　上　　阪　　恒　　雄
編　　者　　国 土 文 化 研 究 所
発 行 者　　長　　　　滋　　　　彦
発 行 所　　技報堂出版株式会社
　　　　　　〒101-0051　東京都千代田区神田神保町 1-2-5
日本書籍出版協会会員　　　電　　話　　営　業　　（03）（5217）0885
自然科学書協会会員　　　　　　　　　　　編　集　　（03）（5217）0881
土木・建築書協会会員　　　　　　　　　　Ｆ Ａ Ｘ　　（03）（5217）0886
Printed in Japan　　　　　振 替 口 座　　00140-4-10
　　　　　　　　　　　　　Ｕ Ｒ Ｌ　　http://gihodobooks.jp/
© Research Center for Sustainable
　Communities, 2019　　　　　装丁　ジンキッズ　　印刷・製本　昭和情報プロセス
落丁・乱丁はお取り替えいたします。

| JCOPY | ＜出版者著作権管理機構　委託出版物＞ |

本書の無断複写は著作権法上での例外を除き禁じられています。複写される場合は，そのつど事前に，出版者著作権
管理機構（電話：03-3513-6969，FAX：03-3513-6979，e-mail：info@jcopy.or.jp）の許諾を得てください。